JN209948

# 飛べ！ムササビ

The Field Guide to Flying squirrels in Japan

熊谷さとし 著

観察のポイントから
フィールドサインまで

文一総合出版

## もくじ

## Part 1 ようこそ、ムササビの暮らす森へ。 p.4



## Part 2 ムササビ質問箱 p.73

## Part 3 ムササビの見つけ方と観察の方法 



column



おまけ

住みかの森から、道路と電線を越えて滑空。ムササビは、このような人間の生活の近くにすんでいる「隣人」なのだ

Part 1

# ようこそ、ムササビの暮らす森へ。

野生動物を観察して36年。いちばん観察しているのがムササビだ。
夕方、真夜中、明け方と、1日に3回行くこともあるし、
年に何度かムササビ観察会も開いている。
ムササビが皮膜を広げて滑空した瞬間に、
参加者からいっせいに大歓声がわき起こる。
そんなとき、わたしは「なっ？　ムササビすげぇだろう？」と、
まるで自分のことのように得意だ。
ましてそれが、自分のかけた巣箱で繁殖した個体だったりすると、
うれしさが倍増する。
そんなすてきな野生動物が、ふつうに人間の近くにすんでいる。

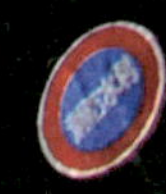

# ムササビってどんな動物？

ムササビは、齧歯目の仲間で、モノをかじるための門歯が一生伸び続ける。齧歯目はネズミ亜目・リス亜目・テンジクネズミ亜目に分けられ、ムササビはリス亜目に入る。さらにリスの仲間には、滑空性が13属、非滑空性が37属いて、非滑空性のなかにも地上生と樹上性のものがいる。ムササビとモモンガの違いについては82ページで詳しく述べるが、前足と後ろ足の間にある皮膜を使って木から木へと滑空して移動する、樹上性のリスの仲間だ。

**腕前膜**

幹に到着するときは衝撃を避けるために速度をゆるめるが、失速して墜落する危険がある。そのときにこの膜をゆるめることで揚力を増し、墜落を防ぐ。

## ムササビの体のつくり

◎頭胴長30～45センチ
◎尾長30～40センチ
◎体重約1キログラム

**体側膜**

滑空中は、体全体を支える役目。

**腿間膜**

滑空しているムササビは尾が短く見える。これは腿間膜が、尾の付け根の4分の1まであるからだ。そのために、モモンガのように尾を立ててブレーキには使えない。

尾の先は前後に曲がるので、晴れた日は後ろに垂らし、雨の日はまるでフードのように頭にかぶる

**尾**

滑空のときの舵取りに使っていると言われていたが、そうではなく、凧の尾のように安定に役立っていると思われる。太くて長い尾は、主に木の枝を伝い歩くときのバランスを取るためだろう。

## 針状軟骨

ふだんは腕に沿うようにたたまれているが、いざ滑空のときにこの骨を伸ばすことで皮膜の面積が増える。滑空中に上に反っているのは航空機の翼の「ウィングレット」と同じで、抑えつける気流の発生を弱める効果があるそうだ。

針状軟骨

## 顎下の黒い毛

ここから分泌液を出して臭いをつける。メスは自分のなわばりを主張するため、オスは繁殖期のときに自分のにおいが残るように、顎をすりつける。雨などでにおいが薄まってしまわないように、樹皮をかじってからすりつけることもある。

においをつけるメス

## 爪と足裏

爪はするどいカギ爪なので、幹にしっかりとつかまることができる。前足は4本指だが、後ろ足は5本指。足裏の片側には固い毛が生えており、すべり止めになっている。

右前足

右後ろ足

#  ムササビの1日

生まれて2か月も経つと、ようやく子どもが出巣できるようになる

ムササビは、昼間は巣穴で眠り、夜間に活動する夜行性の動物だ。活動のピークは1日2回。1回目は巣穴から出るときで、ほぼ日没から30分以内に出巣する。時間にはとても正確で、夏と冬では2時間もの開きがある。

出巣したムササビは、樹洞のある木や周辺にとどまり、フンをしたり、毛づくろいをしたりするが、やがてどこかのエサ場の森へ飛んでいってしまう。よほど子育て中でもない限り、朝まで戻ってくることはない。

丹念に毛づくろい。人が観察していると、転移行動(怖さをまぎらわすため)の意味もあるのか、盛んに毛づくろいをすることがある

ムササビは食べられる側の動物だから、フンはポロポロで一度に30粒ほど。枝の上からすることでフンが散らばり、捕食者に存在を知らせない意味がある

# 帰巣（きそう）

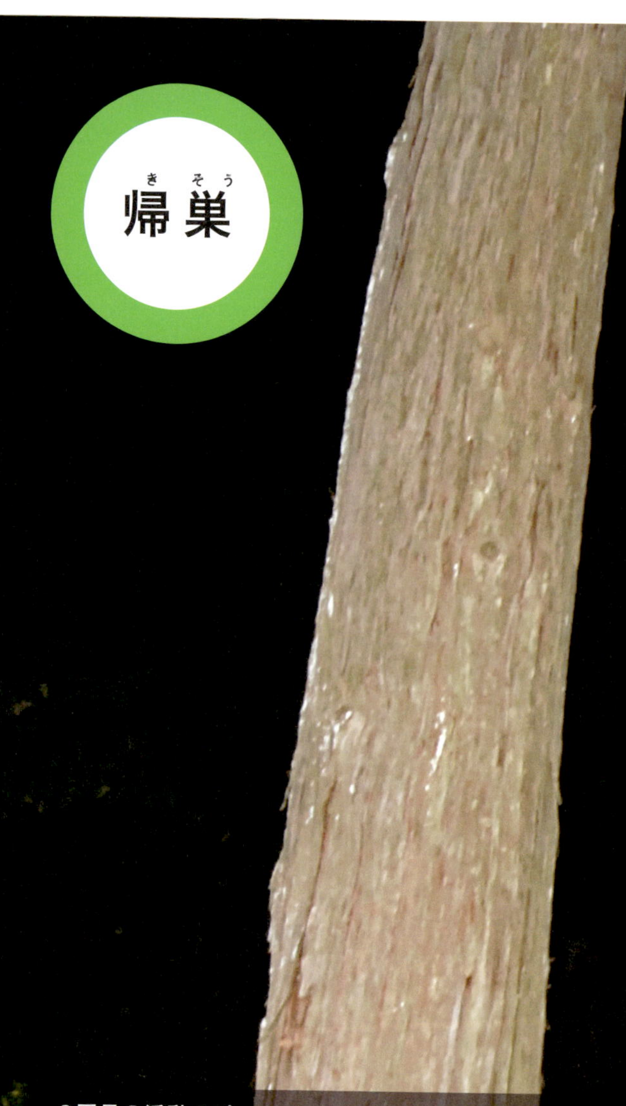

2回目の活動のピークは、明け方の帰巣する時間帯だ。出巣とはちがい、真夜中に戻ってくるときもあれば、おそらく遠出をしていたのだろう、太陽がのぼるぎりぎりにあわてて戻ってくるなど、時間にはばらつきがある。

巣材の運び込みが見られるのもこの朝方だ。巣穴に戻っても、しばらく顔だけを出して周囲の様子をうかがうムササビがいる。これは、遠出をしたために自分の巣穴へ帰れなかったムササビが、「近くの巣穴でいいや！」と他人の巣穴に入り込んだのかもしれない。本来、この巣穴を使っている個体が戻って来るかどうかを警戒しているのだろう。

やがて安心したように巣のなかに顔を引っ込めるころ、周囲には朝の光が差し、鳥がさえずりはじめる。

神社の神楽殿（かぐらでん）の屋根をぎりぎりかすめて滑空（かっくう）。ほとんどピンポイントで巣木に着地する

巣箱に戻ってきた親子。まずは母親がなかをのぞき込み（右）、安全だとわかると子ども（左）を呼ぶ

明け方の帰巣時には、巣材を運び込む姿も確認できる。巣材を運び入れるのは台風の後や、出産直前、晩秋に多いように思うが、虫がわいたりすれば時期を選ばない

# ムササビの1年

## 春（3～5月）

春は、冬に交尾したメスのベビーラッシュの時期だ。ムササビの妊娠期間はほぼ74日だから、わたしはカレンダーに、交尾を確認できた日からの出産予定日を書き込む。出産から1か月で子どもの目は開くが、巣穴の外には出てこない。この時期、母親は巣穴を頻繁に移動する。これはもちろん、天敵に子どもの存在を知らせないためだけではなく、子どもに周囲の環境を教えているのだと考えられている。

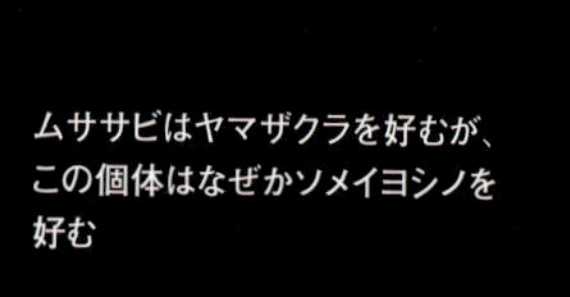

ムササビはヤマザクラを好むが、この個体はなぜかソメイヨシノを好む

子どもは1頭だけしか確認できない。なぜなら、母親が尾を立てて子どもを隠しているからだ。尾にはこんな活用方法もあったのだ

「2頭確認!」と、巣箱ネットワークのメンバーから写真が送られてきた。この季節は仲間の情報網が役立つ時期でもある

## 夏（6〜8月）

ヤマザクラの実を食べている

ムササビの繁殖期は年２回で、５月下旬〜６月が１回目だ。ただし、12月の繁殖期とくらべると地味で、「森全体が恋狂い」という状態にはならない。ムササビはリスのなかまではあるが、リスのように夏と冬で毛色が変わるといった明確な毛換わりはしない。この時期には春に生まれた子どもが出巣できるようになり、親子連れが観察できる。

天井裏にすんでいるムササビの親子。家人に、繁殖したことを知らせたらとても喜んでいた

春に生まれた子どもの初出巣。観察しているわたしに気づいた母親は、「木の裏側に隠れなさい」と教えているのだろうが、好奇心いっぱいの子どもがわたしのほうをのぞき込む

## 秋（6～11月）

夏の交尾で生まれた子ども（秋生まれの子ども）が見られる季節。ドングリなどの木の実が豊富な時期でもある。ムササビに限らず野生動物は、エサが豊富になる時期、そして葉や草がしげっていて天敵から子どもを隠しやすい時期を選んで出産・子育てをしているわけで、そこから逆算すれば繁殖期がわかる。

紅葉が有名なお寺。色づいた
紅葉を背景に滑空するムササビ

葉が色づいたほうが糖分（とうぶん）が多くておいしいのかもしれない

「子どもが生まれた!」と巣箱ネットワークのメンバーから連絡があった。春に続いて2頭が生まれた（春とは別の母親）

## 冬（12～2月）

ムササビ観察のベストシーズンだ。1年のなかでいちばん派手な繁殖(はんしょく)シーンが見られる時期であり、まだ明るい16時前から、メスの樹洞付近に近郷・近在のオスが何頭も集まってくる。まさに、森全体の「恋狂い(こいぐるい)」を楽しむことができる。観察するにはとても寒い時期ではあるけれど、蚊(か)やブヨにかまれるよりはいいし、なにしろ木々の葉が落ちているから、ライトを当てなくてもシルエットでムササビの姿を見つけやすい。

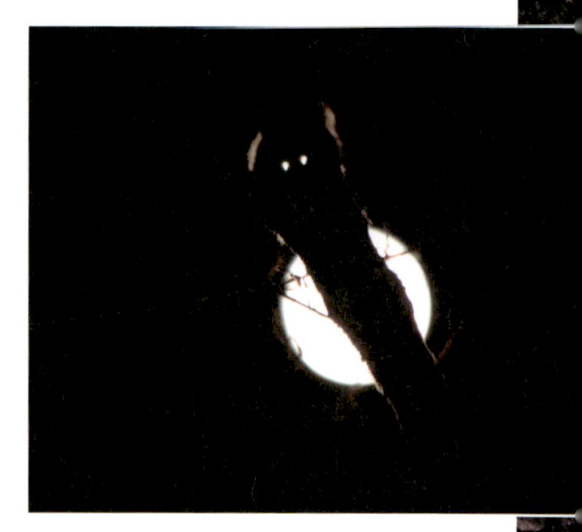
満月をバックにムササビのシルエットが浮かび上がる

葉が落ちているので観察しやすい。ムササビも滑空しやすいのかもしれない

さぁ、いよいよ繁殖シーズンの到来だ。メスはまだその気になっていないようで、言い寄ってくるオスを牽制（けんせい）している。今年のピークはいつなのだろう?

# ムササビの巣穴

スギの樹洞の親子

ムササビの巣穴は大きく分けて2つある。天然樹洞（木にあいた穴のことで「うろ」とも言う）と、人工物だ。

樹洞の入口の直径は8～10センチ、高さや樹種は選ばない。いままで観察している天然樹洞の80パーセントは針葉樹だが、これは日本の里山は針葉樹の植林（しょくりん）が多いことと、針葉樹は二股になっていたり横枝がないので、天敵（てんてき）が待ち伏せる場所がないからだと思われる。

ムササビの樹洞を探すときは、明け方の帰巣を待ち伏せるのがいちばん効果的だ

樹洞だけではなく、このような裂け目も巣穴に使う。これは神社のご神木で、落雷によって裂け目ができた

鉄橋のすき間。夏は熱いだろうに

マンション5階のベランダに置かれたエアコンの室外機のすき間

ムササビは、巣箱や屋根裏、戸袋、エアコンの室外機のすき間、鉄橋など、さまざまな場所を巣穴として使う。これは天然樹洞が少ないためか？と思っていたのだが、どうもそればかりではないようだ。ムササビの研究をされていた、元・東京農業大学の安藤元一氏のデータによると、夏から秋にかけて、巣箱や人工巣穴の使用率が増えるのは、雨や台風が多い季節のため、天然樹洞よりも住みやすいのだろうとのことだ。

人家の屋根裏にすんでいるムササビ。「ドタドタと夜中にうるさい」という家人に、「ムササビは悪さはしません」と写真を見せると、「かわいいっ」とムササビがすんでくれたことを喜んでくれる

# マンションのムササビ

マンション5階のベランダから滑空するムササビ。滑空中のムササビの腹側からの写真はたくさんあるが、背中側からの写真は初めて見るだろう！　ムササビの眼下には建物が見える。ムササビは毎晩、こんな風景を見ながら飛んでいる。

5階のベランダから出巣したムササビ

マンションのベランダからの
滑空を下から撮影

マンションのベランダに巣穴を求めなければならないほど、ムササビが困っているのかと言えば、そうとも思えない。ツバメが人家や駅、人の出入りの多い場所に好んで巣をかけるのと同じで、ベランダは、その家の住人が「ムササビがいること」を許容(きょよう)さえしてくれれば、最も安心できる場所だと考えているのではないだろうか。

# マンションのムササビの生活

ピンクの舌がかわいい。受け皿を傾けるという智恵がある

## 水を飲む!? ムササビ

すごいスクープ写真が撮られた！　マンションのムササビ（p.22）が、植え木の受け皿を傾けて水を飲んでいる。飼育下でも、水飲み器から水を飲む姿は観察されていない。ムササビは、「やむをえない場合」以外は地面には下りないと言われており、水は夜露(よつゆ)や葉っぱから採(と)っているのだと考えられていた。地面に下りて水たまりの水を飲むこともあるのかもしれないが、おそらく、木のうろや枝にたまった水を飲んでいるのだろう。おしっこの量も意外に多い。

今までは植え木に水をやるとき、ベランダに垂れ流すままにしていたが、ムササビが濡(ぬ)れてしまってはかわいそうと受け皿を置いたのだ。こうした住人の気づかいがムササビに伝わったのだろうか？　信頼して毎日やってくる関係が築かれている。

おしっこをするムササビ。
なんと5秒ほどもしていた

明け方、ベランダに戻ってきたムササビ

ほかとくらべると、ムササビの暮らすベランダだけ緑が多い

ムササビの目線になって外からこのマンションを見ると、確かにムササビの暮らすベランダだけ緑が多い。現在は3階のベランダにもムササビがいて、子育てをしているという。やはりムササビは、里の人と共存できる動物なのだと思う。

お出かけするムササビをお見送り

## ベランダ

写真協力者の鈴木 友氏のご両親のマンションのベランダに、ムササビがすみついた。さっそく、ムササビのための巣箱を置いたが、いくらでも潜り込める場所があるものだから、落ち着ける場所を見つけるたびに巣材を運びこんでいる。

どうやらムササビというのは、ベランダのような限られた空間でも、いくつか落ち着ける場所を持っていないと不安なのかもしれない。

ともかく体を潜り込ませられる場所ならどこでも構わない。そのたびに巣材を運び込む

## 屋根裏(やねうら)・戸袋(とぶくろ)

「戸袋や屋根裏にムササビが入ってるから追い出してほしい」という人がいる。過疎(かそ)・高齢化が進んだ地域では、年寄りは2階には上がらないために、雨戸(あまど)を閉めっぱなしにしている家や空き家が目立つ。そんな戸袋や屋根裏を、ムササビやアライグマ、ハクビシン、ムクドリなどが利用するのだ。

奥に巣材が確認できる。ムササビがすんでくれたことをよろこぶ人ばかりではない

## 鉄橋のすき間

神社の屋根裏は高い場所にあり、ひさしがオーバーハングになっているから、「滑空できるもの」しか出入りができないため安全なのだろう。東京都奥多摩の「山のふるさと村」にある鉄橋には、モモンガとムササビがすんでいる。巣の入口が下を向いているため、滑空できるものしか出入りできないが、子どもの落下事故のリスクは高そうだ。

夏は熱いのか、昼間でも顔をだしてだるそうにしている。でも、天敵が近寄れないので安心だ

## 裏口のある巣

3個も4個も穴がある場合や、広葉樹の枝に空いた穴を使うムササビもいる。ある程度育った子どもが上の穴、下が母親という例もある。おそらく中が空洞になっていてつながっているのだろう。入口だけではなく裏口もあったほうが、天敵に襲われたときの逃げ道になるのではないか？と考えるかもしれないが、両方の入口を警戒しなくてはならなくなる。

樹洞は、森の音を拾う「集音マイク」。だから、じっと聞き耳を立てて警戒し、どんな音も逃さないようにして、天敵がやってきたことを先に知るためには1個の穴を守るほうがいい。

わたしは観察したことはないが、リスのような球状の巣を作るという話もあるし、鳥のような皿状の巣を作って寝ていたという話もある。また、樹洞ではなく、奥多摩の日原鍾乳洞の崖に巣を作っていたという話を、山岳ガイドから聞いたこともある。

上の穴は「子ども部屋」、下の穴は「母親」

## ムササビの巣材（すざい）

３代続けて使ったいたスギの木。最近もむかれていたから、継承されているようだ

樹皮をくわえたまま、体をそらして下からむき上げる

## こだわりの巣材木（すざいぼく）

ムササビは、巣材としてスギやヒノキの樹皮を細かく裂（さ）いて使う。巣材とする木は、スギやヒノキならどれでもいいというわけではなく、決まった巣材木があるようだ。おそらく、自分の母親が使っていた巣材木にこだわっているのだろう。東京都奥多摩のムササビは、3代続けて、同じスギの木を巣材木にしていた。幹につかまったまま樹皮をツ〜ッと引っ張りながらむき上げ、ある程度の長さになると上をかじる。そのために巣材木には、写真のような段々の痕（あと）が残る。明け方、巣穴に戻るムササビが、スギやヒノキの樹皮を口にくわえているところを観察できる。

明け方、巣材を口いっぱいにほおばって帰巣するムササビ

## 巣材を敷く順番

巣材には、運ぶ順番があるようだ。いきなり樹皮を持ち込むのではなく、まずはヒノキの青葉を敷きつめる。その青葉がしんなりして馴染んだころに、スギやヒノキの樹皮を持ち込んでいた。

このように、まず巣のなかにヒノキの葉を敷く行動は、ワシ・タカなどの猛禽類にも見られる。ヒノキの葉には防カビ・防虫・防菌の効能があるそうだ。

ヒノキの青葉を
敷きつめる

ヒノキの青葉がしんなりしたころ、
スギやヒノキの樹皮を運び込む

初めて見る、木の葉の布団。静岡県のホールアース自然学校の巣箱では、ムササビが巣材として木の葉を敷き詰めていた

## 子どもを隠す

巣材は、「布団」としての役割だけでなく、母親が外出するときに子どもを巣材できれいに隠すためにも使われる。観察しているわたしは、「引っ越したか?」「天敵に襲われたか?!」と、何度もだまされたほどだ。

3～4月生まれの子どもは、母親が戻るまでおとなしく隠れているけれど、8～9月生まれの子どもは、季節的に暑いのだろう、自力で巣材のなかからはい出してくることがある。

どこに子どもがいるかわからないだろう?　巧みに隠すものだ。

2時間後にいってみたら、
背中が見えていた

3時間後。完全に体が出ている。
(異例の) 7月生まれだから暑かったのだろう

## 入口をふさぐ

ストロボを使って撮ったから穴がわかるけれど、
天敵にはわからないだろう

針葉樹の樹洞の場合、入口が何個かあるときは、自分が出入りする穴以外を巣材でふさぎ、外からは穴が目立たないようにすることもある。だからなかをのぞかなくても、観察者の目からは「おっ、子どもが生まれたな？」とか、「子どもに留守番させているな？」という母親の愛情が伝わる。

## こんな巣材も!?

巣箱のメンテナンスをしたときに気がついたのだが、巣材のなかに軍手が入っていたことがある。これは、ムササビが地面に落ちているものを拾ってきたとしか思えない。そもそもムササビが、自発的に地面に下りることは考えられなかったので、この事実にはおどろいた。軍手を巣材に使っているのは1例だけではなく、ほかの巣箱でも見られた。巣箱ではなく天然樹洞の巣材には、ハンドタオルが敷いてあったこともある。その後、この親子は引っ越したのだが、ちゃんと引っ越し荷物のなかにハンドタオルも入れて、持って行ったようだ。

巣箱掃除で出てきた軍手

別の巣箱にあった軍手

この樹洞にはハンドタオルが
敷いてあった

# ムササビの食事

## 食事のメニュー

地域の植生(しょくせい)によって違うが、わたしが観察している関東近県でのムササビのメニューはこれだ。

[スギ・カエデ・ケヤキ・サクラ・コナラ・カシ類]

広葉樹はもちろん、針葉樹のスギやマツは、芽や葉、そして球果(きゅうか)（まつぼっくり）も食べる。まつぼっくりの食べ痕(あと)（その形から“森のエビフライ”と言われる）は、リスの食べ痕によく似ていて区別がつかないが、食べ残した痕が見つかれば、ムササビの可能性がある。ムササビは、地面に降りるのを嫌うので、食べている途中で落っことしたまつぼっくりを拾いに下りてこないからだ。

スギの新芽を食べるムササビ

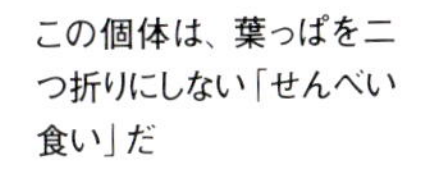

この個体は、葉っぱを二つ折りにしない「せんべい食い」だ

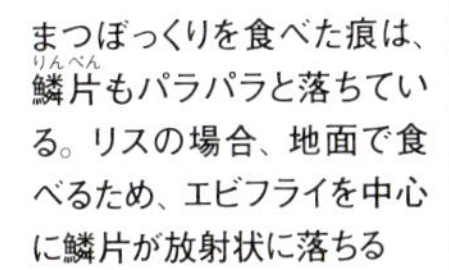


まつぼっくりを食べた痕は、鱗片もパラパラと落ちている。リスの場合、地面で食べるため、エビフライを中心に鱗片が放射状に落ちる

## サクラ

サクラは、冬芽、つぼみ、花、新葉を食べる。わたしが観察している地域にすんでいるムササビは、主にヤマザクラを好むが、写真の個体はわざわざ100メートルも離れた場所からソメイヨシノの花を食べにやって来ていた。

冬芽を食べる場合は、枝を切り落としてから
枝を持って食べる

column

## てんぐ巣病とムササビ

ムササビがサクラを食べるとき、かじられた部分から菌が入り込みむことがある。

神社に生えているサクラの木が「てんぐ巣病（枝先が天狗が巣をかけたように小枝が密集する病気）」に感染していたら、ムササビがいる目安になる。てんぐ巣病にかかったサクラは花が咲かなくなり、やがて枝が枯れてしまうため、「ムササビのせいで花見ができなくなった」と、害獣扱いされることもある。

感染している枝を駆除して（食べて）くれる、
樹木医でもあるんだけどね

# きのこ

観察していたら、警戒もせずに木を下り始めた。まさか!?と思っている間に地面へ……。何をするのかと思ったら、きのこをかじった。わたしは初めての目撃に大興奮！翌朝、きのこを見に行ったら、歯型がついていた

モモンガやリスがきのこを食べることは知られているが、地面におりたがらないムササビが、林床(りんしょう)に生えるきのこを食べることはないだろう、と考えられていた。ところが、地上におりてきのこをかじったムササビがいたのだ！　コナラの林に群生(ぐんせい)するムレオオフウセンタケというきのこで、人も好んで食べる種類だ。

# 葉っぱの食痕（しょっこん）

二つ折りにして食べている様子がわかる

これこそ「近くにムササビがいる！」ということを象徴する、葉っぱの食べ痕(あと)だ。V字形の歯形が残っていたり、丸く穴が空いている、おそらく誰にでも見つけられるムササビの基本になるフィールドサインだ。

これは撮影用に集めたもの

## 器用な前足

ムササビの前足には指が4本しかないが、手根球の肉球を親指代わりに、器用に葉を折りたたんだり、枝を引き寄せたり、枝を押さえて冬芽などを食べることができる。手根球には小さな骨があり、動かすことはできないが、これはパンダの「掌球」と同じだ。

右前足の骨格。右の親指にあたる場所に骨がちょっとだけ出ているのがわかるだろうか

## 葉っぱのまわりを食べ残すわけ

ムササビは、なぜ食べた葉の周囲を残すのか？　葉っぱだって食われたくはない。葉っぱの大敵である昆虫の幼虫は、葉っぱの縁から食べるため、葉っぱの生き残り戦術として、周囲にはタンニンを貯め込んでおり苦いらしい。ムササビはそれを知っているのだろうか？　食べ方には地域性があり、丸く穴の空いた葉がたくさん見つかる場所、V字形の葉しか見つからない場所がある。

V字と穴あきの両方が見つかることもある

## ばっかり食い

ムササビは、一晩にまんべんなくそれぞれの献立を少しずつ食べるのではなく、まさに「ばっかり食い」。1週間なら1週間、毎晩同じ種類の木の葉を食べる。旬の食べもの、という理由もあるだろうが、それだけではない。これは生物多様性のなかの「ムササビの役目」の1つで、剪定を行っているのだそうだ。剪定は、枝葉に栄養を取られないで、翌年の実成りをよくしたり、発芽をうながすために、余分な枝を刈りつめることをいう。1～2頭のムササビでも、1週間も続けて食べるわけだから、樹木からすれば鳥の群れが来たようなものだ。

これは2頭（親子）のムササビが、4～5日間かよってかじった痕だ

# ムササビの食痕

ムササビは、春はサクラの花や実を、初夏は若葉を食べる。夏の終わり、ようやく巣の外に出てきた子どもは、まだ青いドングリを食べる。これは子どもの離乳食になる。スダジイやアラカシといったドングリのメニューが終わり、葉や実の落ちた冬は何を食べているのだろう？ 11月末にはスギの球果（すぎぼっくり）を、12月初旬にはツバキのつぼみや花、そしてサクラやコナラの冬芽や樹皮を食べる。

## ヤマガキ

ムササビの食べるカキは「ヤマガキ」が多く、実が小さくカラスウリくらいだ。ムササビは指先が器用だと言ったが、ヤマガキは表面がつるつるしているためか、ひと口、ふた口かじると落としてしまう。

落としても拾いに降りずにほかの実に手を出す。落ちた実は、アナグマなど木登りが得意ではない動物が食べる。これもムササビの生物多様性のなかの役目だ。

落ちているカキを食べるアナグマ。タヌキやキツネもやってくる

葉の下についている実だけを食べた食痕

マツグミの葉を食べるムササビ

## マツグミ

マツグミとは、3～5月ごろにモミの木の下で見つかる食痕で、マツやモミなどの針葉樹に着生する「着生植物」だ。葉の下に赤い実をつけ、ムササビは葉も実も食べている。「グミ」というだけに、実はグニャグニャしており、その昔、里山に暮らす子どもたちは、口のなかに一度に40～50粒をほおばり、チューインガム代わりに楽しんでいたという。

## セミ

30年ほど前に、ムササビが「ジージー」と鳴いているセミをくわえている姿を見たことがある。その後、食べたかどうかはわからないが、川道武男氏によると、飼育しているムササビにセミを与えたところ、食べたそうだ。アブラゼミよりミンミンゼミを好んだという……。日常的に食べているとは思わないが、羽化したばかりでまだうまく飛べないセミを、好奇心から捕まえることもあるだろうとは思う。

## 鳥!?

リスが、鳥の卵やヒナを食べるという話は聞いたことがあるが、じつはムササビも、ヒヨドリのヒナを食べる様子が観察されている。

## 食痕図鑑

スギの球果（すぎぼっくり）

スギの新芽

カエデの種子（プロペラの根元）

サクラ

アラカシの樹皮

アラカシの実

スダジイの葉

スダジイの実

ツバキ（つぼみを好む）

# ムササビの識別

オス。フグリが目立つ（外部生殖器は枝に隠れて見えない）

メス。外部生殖器の下には灰色の毛があり、中央に肛門がある

## オスとメスを見分ける

ムササビの雌雄の見分け方だが、繁殖期ならばオスは陰嚢（フグリ）がパンパンにふくらんでおり、メスの外部生殖器も肥大しているので、たいへんわかりやすい。

ほかの時期は、オスの陰嚢は収縮してしまい、メスの生殖器の下には灰色の毛があり、これが陰嚢の陰のように見えることがあり、30年以上観察していても、現場では判断しかねることも多い。わたしの場合、外部生殖器（下腹部のピンク色の出っ張り）と肛門の間が広ければオス、狭ければメスと判断している。

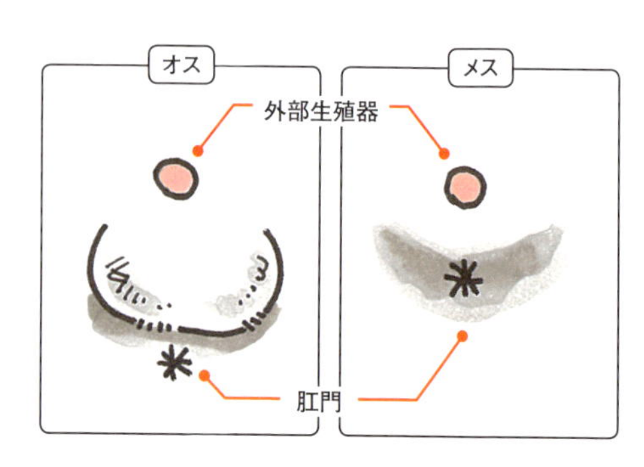

# 個体を見分ける

ムササビは、雌雄とも生殖器周辺の汚れが個体識別に使える。これは滑空中(かっくうちゅう)でも下から見上げればわかるので、たいへん都合がいい。とくに経産婦(けいさんぷ)(何度か子どもを生んでいるメス)は、生殖器のまわりに茶色い汚れが目立つ。

フグリに茶色いシミがあるので「焼きまんじゅう」と呼んでいるオス

ここまで生殖器のまわりが茶色いと「ベテラン母さん」だ

滑空するオス(焼きまんじゅう)。真下からでも茶色いシミがよくわかる。このように生殖器のまわりの汚れは、個体識別にたいへん役立つのだが、枝に止まっていると隠れてしまい、見えにくいこともある

## 尾が白い個体

まれに尾の先が白い個体がいる。川道武男氏のデータでは、出現率は16パーセント。個体識別にはよい特徴だが、わたしの感想では消失（死んだか、ほかの場所に移ったかして、個体を追えなくなってしまうこと）が早いように思う。

幼獣のうちから尾の先端の白さが目立つ個体

この個体（右）は、成長とともに先端が白くなってきたが、完全に白くはならなかった

## 耳や顔の傷

あまり当てにはならない。特にオスの場合、繁殖期を一度経験すると、オス同士のケンカが激しいので、大きく変化することがある。

左耳（矢印）に傷があるのがわかるだろうか？　この個体はメスなので、現在も識別に使える

## 障害のある個体

尾がちぎれている、片目の個体などは、ひと目で個体識別ができるが、どうしても消失が早い。やはり障害があると、自然のなかで生きていくのは厳しいのだろう。せっかく識別ポイントを見つけても3年くらいで見られなくなってしまう。

尾が途中で切れている個体

この片目の個体は2年2か月生きた

右肩に傷がある個体。傷が治った後に白い毛が生えてくることがあり、個体識別しやすい

## 耳の形

最近は、耳の形で見分けることができるようになったきた。しかし、角度によって見え方が違うので、フィールドで判断するのはむずかしい。

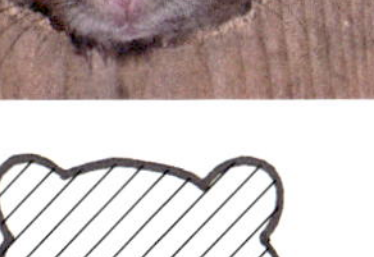
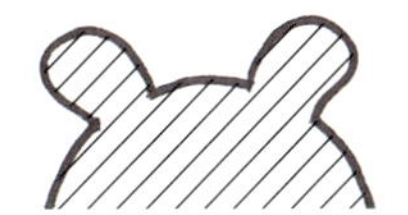

# ムササビの繁殖期（冬編）

フグリがふくらんだオス。繁殖期のオスはふだんより凛々しくかっこよく見える

## 晩秋の森で恋がはじまる

11月末ごろから、何となく森のなかが騒がしくなる。12月中旬には、まだ明るいうちから近郷・近在のオスが、メスの巣穴周辺に集まってくる。オスの陰嚢（フグリ）はパンパンにふくらみ、メスの生殖器も大きくなり、あざやかなピンク色で目立つ。やがて、オスがメスを追いかけるが、まだその気になっていない（交尾が可能ではない）メスは逃げる、という行動が見られるようになる。

オスは、メスが留守にしている樹洞をおとずれ、なかに入り込んだり、入口ににおいをつけるといった行動が見られるようになる。そのときのオスは尾をブルンブルンと振りまわし、足を踏みならすなど興奮状態だ。

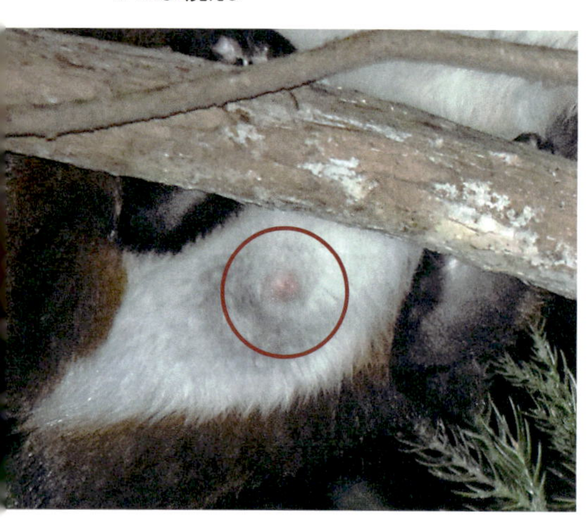

ふだんのメスの外部生殖器

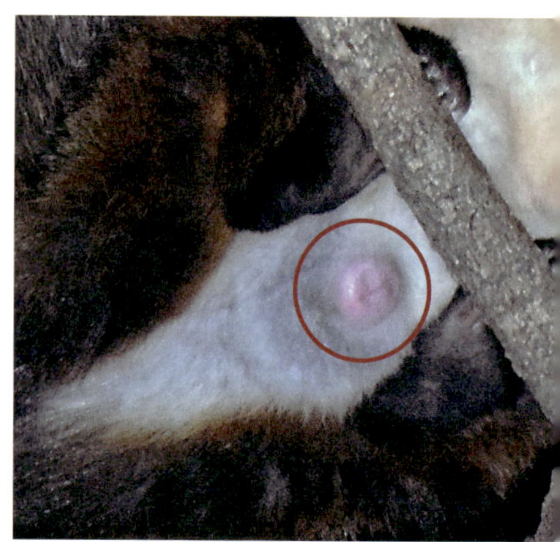

交尾の日が近いメスの外部生殖器は大きく、あざやかなピンク色になる

メスがいる木にオスが滑空（かっくう）してきた。まだその気になっていないメスはあわてて逃げるように滑空。オスはそのまま通り過ぎた

## 空中追いかけっこ

繁殖期には、優位オスが劣位オスを追い払うという、追いかけっこが見られる。空中でもつれあったまま地面に落ちることもある。優位オスが劣位オスを追い払っている間に、3位オスとメスが一緒にどこかへ行くこともある。ここでいう「優位オス」とは、優秀なオスということではなく、ふだんからメスのなわばりの近くにいて、顔なじみでもあり、交尾の順位がいちばんということだ。「劣位オス」は、たまたまこのエリアをなわばりにしているメスから見れば「交尾の順番がいちばんではない」だけで、ほかのエリアでは「優位オス」かも知れず、すでにそこでメスと交尾をすませて、このエリアにやってきたのかもしれない。

劣位オスを追い払ったものの、自分がバランスをくずしてしまった優位オス

オス同士の空中戦。メスの巣木に滑空してきた劣位オスに、空中で「あて身」をくらわす優位オス

バランスをくずして地面に落下した優位オス

しばらく地上でぼ〜っとしていたが、思い直して再度戦いへ

鼻の穴を広げ、すごい顔をしている優位オス。
そのすぐ上では劣位（2位）オスが待機中

周囲で虎視眈々と待機する
劣位オスたち

メスが交尾できるのは1日だけ。何がなんでも確実に妊娠しなくてはならない。そのため、メスは言い寄ってくるすべてのオスと交尾する。

まだ明るいうちからメスの巣穴周辺で出待ちをするオスたち。メスの巣穴の入口から体を乗り出して「このメスは俺のものだぞ～」とばかり、「キョロロロ・キョロッ」と、高い声で周囲に宣言する優位オス。この甲高い声は、ほかのオスと比べたときの興奮度の高さを表すそうだ。なるほど、劣位オスの声は「ギョロロロ……」「グルルルルル……」と1段低い。

ムササビの声を表現するときに、わたしは「車のエンジンキーを回したときの

4頭まではなんとかわかるのだが……。もっといるかもしれない

ような音」と表現している。

交尾の日が近いメスの出巣（しゅっそう）時間はいつもよりも遅い。川道武男氏によれば、これはオスをじらし、あらそわせ、より強いオスが自分の巣穴近くに残るように仕向けているのかもしれないとのことだ。メスが姿を現した途端（とたん）、なんと周辺に待機していた3位・4位のオスも入口に殺到！　4～5頭ものオスが狭い入口前で、まるでラッシュアワーの通勤電車のような状態だ。たまりかねて押し出されたオスがやみくもに滑空（かっくう）し、そのまま屋根に激突！　観察者がいようがライトを当てられようが、逃げるメスも追いかけるオスたちも必死だ。こんな恋狂（こいぐる）いの光景が毎晩、くり広げられる。

まさか押し出されて手前に滑空してくるとは思わなかったので、正面からストロボを当ててしまった

右がメス、左から近づくのがオス（目の反射がわかる）。交尾するかと観察していると……

## 近親交配を避ける!?

「ムササビは、近親交配するか？」という疑問に関しては、川道武男氏の観察記録がある。繁殖期に、メスを求めて興奮しているオスを、メスがやさしくなめてしずめたというのだ。これはメスが母親で、自分の息子に「親子」であることを思い出させたのだ。

わたしの観察では、親子間だけではなく、兄妹・姉弟の間でも同じような行動が見られた。性成熟（動物が生殖可能な状態になること）している個体識別できているメスに、オスが忍び寄る。交尾かと思ったら、メスがオスをなめはじめた。オスのほうは個体識別ができていなかったのだが、じつは兄妹（姉弟）だったのだ。その後、2頭は周囲の繁殖活動など気にもとめず、仲良く並んでいた。ムササビは視野がせまいので、2頭でいるときは互い違いになって視野をカバーする。これはお互いを信頼している行動だ。

右のメスがオスをなめはじめた!?

仲良く並ぶ兄妹（姉弟?）だった2頭

# ムササビの交尾

巣箱の屋根に陣取る優位オス。いわゆる「出待ち」ももう3日目

やはり3日前から向かい側の巣箱にいた劣位オスも心配そうに見守る

メス（写真上）の股間のにおいを嗅ぎ、交尾可能なのを確認した優位オス（写真下）

まだ明るいうちから、優位オスが巣箱の上でメスの出巣をうながしている。それを近くの巣箱から見守る劣位オス。外に出たら優位オスに追い払われるので、隠れて見守るしかないのだ。

メスが出巣して木をかけのぼる瞬間、股間のにおいを嗅ぎ、メスが交尾できるかどうかを知る。オスは木をのぼるメスを追いかけ、一瞬のすきにメスを追い抜く。そして、後ろ足を蹴り上げ、自分の腹の下にメスが飛び込む形をつくる。

勢いのついたメスは、オスの腹の下に潜り込む。その瞬間を逃さず、オスは一気にメスを抑え込んで交尾は成功！　その時間、20秒ほど。……見守っていた劣位オスがどうしたかは、57ページを。

木を駆け上りながら、一瞬のすきにメスを追い抜き……

交尾！　時間は20秒ほど

## 交尾栓

交尾の騒ぎは一晩中続くわけではなく、メスの出巣から1時間ほどで森全体が何となく落ち着く。

交尾がすんだかどうかは、メスの生殖器を見ればわかる。ムササビのオスは、交尾をした後にメスの生殖器に交尾栓と呼ばれる栓をはめる。これは、精子が流れ出さないためとか、精子を奥に送り込むためと考えられている。いずれにしてもオスが、何が何でも自分の遺伝子を残したいということだ。そのため、優位オスがメスと交尾した後、あえてその場にとどまり、言い寄ってくる劣位オスを追い払ったり、寄せつけないで守るという行動をとる。自分がすでに優位オスとして交尾できたのだから、ほかのメスのところへ行けば、今度は劣位オスとして別のメスと交尾ができるかもしれないのに。

ほかのメスと交尾することで自分の子どもを残す可能性を広げるのと、ただ1頭のメスを守り抜くのは、どちらが自分の遺伝子を残すという自然選択にかなっているのだろう。

メスは、次に交尾する相手が近づくと、自分で交尾栓を押し出すことがある。また次のオスも、ワインの栓抜きのような形をしているペニスで、メスにはまっている前のオスの交尾栓を抜き、なかの精子をかき出して自分の遺伝子を残そうとする。メスとしてもこのくらい積極的で強いオスの子どもが欲しいのだ。

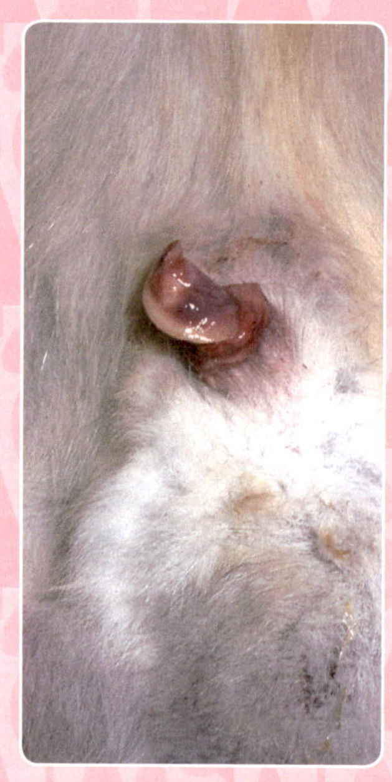

交尾直後のメス。
外部生殖器の中央に、
なにか詰まってるのがわかるだろうか

ペニスの先端は、「ワインの栓抜き」のような形で、
先端部分は軟骨でできている。ドリルのように錐もみ
させて、前のオスが詰めた交尾栓を引き抜くのだろう

## 交尾栓をめぐるある日の出来事

2018年1月10日、こんなことがあった。

16時、優位オスが1号巣箱（メスのレギュラー巣箱）の屋根で出待ちをしていた。近くの2号巣箱から、劣位オスが心配そうに2頭を見守っている。

17時20分、メスが出巣、滑空。そのあとを優位オスが追う。

19時20分、メスが1号巣箱の近くに戻ってきた。生殖器を見ると、明らかに交尾直後とわかったので、わたしは観察を終えた。

午前2時、どうしてもその後が気になり夜中にフィールドへ行くと、メスが生殖器をしきりになめ続けている。その様子を、2号巣箱にいた劣位オスが、メスのいる巣箱のすぐ上から見ている。やがてメスのほうから劣位オスに近寄り、連れ立って（オスが追いかける形で）滑空していった。その後、劣位オスと交尾したのだろうか？

股間をしきりとなめるメス

なめ終わった外部生殖器。56ページの交尾直後と比べてみてほしい。違いがわかると思う

劣位オスが出巣した後の2号巣箱をのぞいてみると、フンが堆積してあった。フンをするために外に出れば優位オスに追い払われるため、やむなく巣のなかでフンをしたのだ。こんなヘタレなオスでも、メスの意中のオスだったようで、メスにも選択肢がある。どうやら意に添わないオスと交尾した場合、自分から交尾栓を押し出し、意中のオスを受け入れるということもするようだ。

劣位オスが仮宿にしていた2号巣箱に残っていたフン

# ムササビの出産（しゅっさん）

生後１週間の子どもたち。今回は
２頭生まれた。毛色がちがうので、
個体識別しやすいかもしれない

集音マイクを使って音をひろう

ムササビは、交尾日から約74日目に出産する。子どもの数は1～2子で、乳首の数は3対（6個）だ。生まれたばかりの子どもは、尾がネズミみたいで毛が開いていない。

出産直後の母親はナーバスになっているので、カメラを差し込むという暴挙はひかえ、集音マイクを使って音をひろう。巣箱のなかからは、「チュゥチュゥ」とおっぱいを吸う音や、「ムニュムニュ」という子どもがつぶやくような音が聞こえたら、そっと「おめでとう」とつぶやいて、1週間は巣箱に近づかない。

# ムササビの子育て

留守番をさせようと樹洞に押し込んでいる。しかし、せっかく1頭を押し込んでも別の子どもが上から顔を出す。お母さんはたいへんだ

## 子どもは好奇心のかたまり

ムササビの子どもは、生後約1か月で目が開くが、すぐには出巣できない。しかし、この時期の子どもは好奇心いっぱいだから、夜も昼もなくやたらと外に出たがるので、母親はたいへんだ。そのため、この時期は子どもの落下事故がいちばん多い。もし、あなたが落下したムササビの子どもを保護した場合は、72ページを参考に対応してほしい。

昼間なのに目の前で揺れる葉っぱが気になるらしく、つかもうと身を乗り出している

生後3週間の子どもたち。尾の毛が開きはじめている

こちらは天然樹洞の子どもたち。もう目が開いている

## 滑空の訓練

生後2～3か月ごろから、子どもたちの滑空訓練がはじまる。動物学者、アーネスト・T・シートンを真似て、親子の会話調で解説しよう。

## 逆さまにおりる訓練

ムササビは、手足首の骨が太いため、リスやモモンガのように頭を下にして幹を降りるのが苦手だ。しかし、逆さにならなければ、巣箱に戻ることができないこともある。子どもはなんとか降りはじめたが、途中で足がすくみ止まってしまった。母親が迎えに行ってはげます。

## ムササビの社会

ムササビのオスは一切子育てにはかかわらず、母子(ぼし)だけで生活する。メスはなわばりをもち、そのなわばりに接するようにいるオスが、その年の繁殖(はんしょく)期(き)の優位(ゆうい)オス（交尾の優先順位がいちばんのオス）になる。川道武男氏の研究によると、メスのなわばりの広さは約１ヘクタール（1万平方メートル）。自分のなわばりのなかに、なわばりを持たないメスが入ってくると容赦(ようしゃ)なく追い出すが、オスが入り込んできた場合、繁殖期以外は無理に追い出そうとはしない。だから狭いエリアにメスが2頭いた場合、親子の可能性がある。

また、出巣(しゅっそう)時間が早いメスの場合は、血縁(けつえん)関係のないメスかもしれない。なわばりを持つメスの空いている巣穴を仮宿(かりやど)にしたメスが、なわばりメスが出巣する前に引き払おうとしているのだろう。

同じ巣穴からオスとメスが出てきた場合は、血縁関係（兄妹・姉弟）だ。兄弟は同性だけでなく、異性同士でも仲がよく、子どもたちだけで1つの穴で同居することもある。

子どもが性成熟(せいせいじゅく)するまでは約2年（メスのほうがやや早い）。体の大きさが親と同じくらいになっても、母親の巣穴で同居していることもしばしばある。

樹洞から2頭分の目玉が光る。目の間隔や大きさが同じなので、子どもだということがわかる

仲よく並んだ2頭。オス（左）とメス（右）だ

##  教育は子どものペースで！

子どもが穴から顔を出すようになってから2週間ほどで、母親は子どもを外に連れ出すようになる。

はじめに母親が出巣（しゅっそう）し、近くの木で子どもが自分で巣穴から出られるかを見ている。どうしても子どもが自力で出られない場合、母親が力を貸すのではなく、巣穴に無理やり戻して留守番をさせる。「まだ外出は無理」という判断だろう。

観察している人間からすれば「手を貸してやればいいのに……」と思ってしまうけれど、自力で巣箱から出られないような子どもを外に連れ出して、もし天敵（てんてき）に襲（おそ）われた場合、子どもを捨てて逃げ出さなくてはならなくなる。もっとも母親も遠出はせず、15～30分ほどで何度も巣穴に戻る。

出巣は無理と判断した母親（上）が、子どもを巣箱に戻す

留守番になってしまった子ども

##  子どもを守る母親の行動

子どもが外出できるようになる時期（生後2～3か月）には、母親の「囮（おとり）行動」が見られる。これは、まだ滑空（かっくう）もままならず、ようやく巣穴から外出できた子どもを母親が守る行動のことだ。観察者が、子どもの写真を撮ったりライトを当てたりすると、どこからともなく母親が目の前に滑空してきて、これ見よがしに観察者のすぐ近くの枝に止まり、気を引くように鳴いたりする。観察者が母親に気を取られている間に、子どもの逃げる時間を稼（かせ）ごうというのだ。これはほかの動物にも見られる行動で、わたしが観察している韓国のカワウソでも同じような行動が見られた。

## 子どもが2頭いる理由(わけ)

母親と行動を共にしていた子どもは、やがて出巣(しゅっそう)時間も、戻ってくる時間も、母親とは少しずつ違ってくる。生後3か月後ごろには滑空(かっくう)もできるようになり、母親のなわばり内で、母親とは別の巣穴を使うようになる。時折（間違えたのか？）、母親の使っている樹洞に戻ってきて、母親と一緒に寝ることもある。

母親の巣箱で寝ている娘（左）

ムササビの子どもの数は、2頭が基本らしく、1頭だけというのはそれほど多くはない。わたしが観察している限り、ムササビの母親は子どもが1頭のときは過保護(かほご)だが、2頭を育てているときは比較的子どもたちをほったらかしにしているように感じる。

ある母親は、最初の出産のときは子どもが2頭だったが、途中から1頭だけになってしまった。帰巣(きそう)のとき、外に子どもを待たせたまま、まず自分が巣箱に入り、それから子どもを呼んだ。ふつうに考えると、危険な外から帰った場合、まずは子どもを先に安全な巣穴に入れ、自分は後から入りそうなものだ。子どもを亡(な)くした原因が、巣箱のなかで待ち伏せしていたアオダイショウだったのかもしれない。

わたしが観察してきた子どもが1頭だけの親子の場合、7組中5頭までがメスの子どもだった。はたして、もともと子どもが1頭だけだったのか、子育て中に1頭亡(な)くしたのか？　子どもがオスとメスだった場合、天敵(てんてき)から子どもを救う土壇場(どたんば)、母親はメスの子どものを優先(ゆうせん)すると考えている。

いずれにしても、ムササビの子どもが2頭なのは、どちらかが「保険」なのだろう。

子どもが穴に入ろうとするのをたしなめる母親

母親が安全を確認してから子どもを呼ぶ

## ムササビのヘルパー制度

独り立ちした子どもが、母親のなわばり内にある樹洞や、母親の巣穴で一緒に寝ていた場合、この個体がヘルパーとなる。

ヘルパーとは、キツネやアナグマなど、ほかの動物にも見られる行動だ。子どもが独り立ちできるようになったら、親は自分のなわばりから追い出す「子別れ」をする。エサの量や巣穴となる場所などのキャパシティーは決まっているので、親子が共倒れにならないように、という意味がある。しかし、まれに前年の子どもを1頭だけ（メスの子ども）残して、翌年の母親の子育てに参加・協力させることがある。

ムササビには、ほかの動物のように子どもをなわばりから追い出すという明確な儀式はないが、出産をひかえた母親のなわばり周辺にいた娘が、母親の巣穴に戻ってきて、何日間か自分の弟や妹の面倒を見ることがある。

母親の出産に立ち会う?娘。正面を向いているのが母親。胸に生まれたばかりの赤ん坊が見える

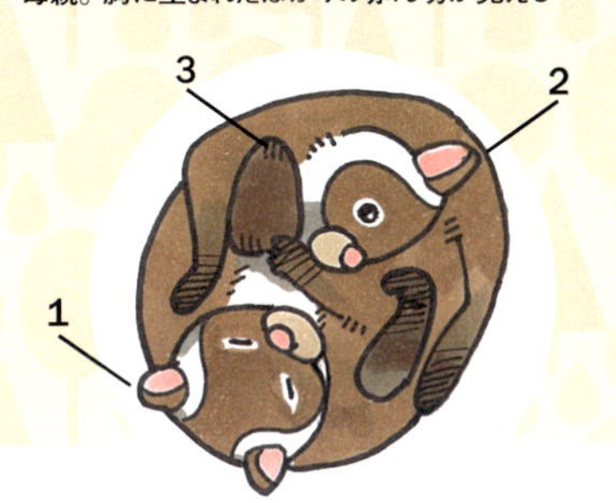


クイズ!! ムササビは何頭いるでしょう?

# ムササビの天敵

はたしてこのムササビは、フクロウが出待ちしていることに気づいているのだろうか？　このときは、観察者であるわたしをムササビが警戒してなかなか出巣しなかったため、フクロウがしびれを切らして飛んで行ってしまった

## フクロウ

フクロウは、ムササビの巣穴近くで滑空するのを出待ちする。幼獣だけではなく成獣も、滑空中に襲うのだ。

ムササビの滑空速度は最速でも時速30～40キロ。対するフクロウは時速72キロだから、滑空中だとまわりも開けており、簡単に追いつけるのだ。

## 哺乳類(ほにゅうるい)とヘビ

アライグマやハクビシン、テン、アオダイショウなどは木登りが得意なので、巣穴に入り込んで成獣や幼獣を襲う。

いままでハクビシンは、ムササビの樹洞を奪(うば)うだけだと考えられていたが、ムササビの幼獣を襲うハクビシンの姿が撮影された 。

テン。ムササビの巣穴から出てきたときに舌なめずりをしていた。ムササビの幼獣がいてもいい時期だったので「食われたか?」と思ったが、ほかの巣穴にいたようだ

アオダイショウ。どこからでも入り込み、なかで待ち伏せする。巣材のなかに潜り込んで隠れるということもするのだろうか?

### 外来種(がいらいしゅ)

アライグマ。このときはムササビの子どもが出巣したばかりの時期だったので、母親は近くで子どもに危険を知らせるためにずっと鳴き続けていた

ハクビシン。野生動物観察を始めた40年前は、「ハクビシンは在来種か? 外来種か? 論争」があったが、今では外来種ということで落ち着いている

## ムササビ危機一髪！

アオダイショウが樹洞や巣箱に入り込み、待ち伏せして子どもを襲うという話を書いたが、留守番をしていた目が開いたばかりのムササビの幼獣が、巣箱に入り込んできたアオダイショウを、力を合わせて撃退する様子が撮影された。

巣箱の天井につけたカメラのモニターからの画像

## 新たな天敵の出現

ムササビの巣箱につくられたチャイロスズメバチの巣

そもそもムササビは里山動物だから、天敵はアオダイショウとフクロウしかいなかった。それが、外来種（もともとその地域にいなかったのに、人為的にほかの地域から入ってきた生物のこと）であるアライグマが入ってきたことにより激変した。

テンは、本来は深山の動物だったため、20年ほど前は里山でテンを見ることはなかった。しかし、アライグマがテンと競合するイタチを駆逐したた

## ねずみ返し

ムササビ巣箱ネットワークのなかには、アオダイショウ除けとして、巣木に「ネズミ返し」を穿かせているところもあるが、わたしはそこまでしてはいない。

アオダイショウだって、2週間ぶりの獲物かもしれないではないか。日本の里山にすむアオダイショウが、日本の里山に暮らすムササビを食べるのは、自然なことだと考えているからだ。

わたしは、ムササビの天敵であるフクロウの巣箱もかけているが、これも同じ考えからだ。その巣箱をムササビが使っていることもある。

「トヨタの森」でつけている「ねずみ返し」。これをつけるとネズミやヘビが、木を登れない

フクロウ用の巣箱から出てきたムササビ。ムササビ用の巣箱より入口が大きく深い

め、深山動物だったテンが里山に入り込み、ムササビの天敵が増えることになったのだ。

哺乳類のほかには、スズメバチがムササビの巣箱のなかに巣を作ることがある。ムササビの幼獣が、オオスズメバチに襲われて死んだという話を聞いたことがある。

スズメバチに左目の上を刺されたムササビ

column

# ムササビの子どもを見つけたら

巣穴から落下してしまったムササビの子どもを見つけた場合、まだ生きているようなら、そのまま巣穴に戻すのがいちばんだが、樹洞がわからない、あるいは高くて届かないときは、体の熱が奪(うば)われないようにフリース地の布でくるむといい。綿のタオルは繊維が指に絡まって壊(え)死(し)する危険があるのでなるべく避ける。

つぎに四隅にヒモをつけた浅い段ボール（子どもが出られない高さ）に入れて近くの木につり下げておけば、母親が見つけてくわえて行くだろう。近くに母親がいる場合、こんなチビがよくまぁこんな声が出るなと思うほどの大声で、親子で呼び交(か)わすこともある。

母親が子どもくわえて行ったら、子どもを包んであった布には寄生虫(きせいちゅう)がいっぱいついているので、ビニール袋などに入れて燃えるゴミとして捨てること。

もし、翌日まで待っても母親が迎えに来なかった場合は（死んでいる可能性が高いが）、動物園や市役所に電話して、鳥(ちょう)獣保護(じゅうほご)センター（自治体によってはない場合もある）を紹介してもらうなどの指示を仰(あお)ぐといい。くれぐれも自分で「飼ってみよう」などとは考えないこと。素(しろ)人(うと)が育てるのは無理だし、野生動物を飼(し)育(いく)することは、「保護」という名目であっても、鳥獣保護法違反になる。

# Part 2

# ムササビ 質問箱

謎につつまれたムササビの行動や
生態に関する疑問に答えます。

## Q 滑空って どんな移動方法？

**A**

　ムササビを観察していて、思わず「飛んだっ！」と声を出してしまうけれど、正確には「飛んで」はいない。飛ぶというのは、プロペラやエンジンといった動力、あるいは羽ばたくといった推進力（前に進む力）を持った移動方法であって、ムササビの場合は、重力を利用して高いところから低いところへすべるように移動している。その際、ただ真下に落ちるのではなく、体のまわりの皮膜を広げれば、落下しながらでも少しでも前に距離をのばせるという「滑空」という移動方だ。

## Q 滑空できる 体の構造とは？

揚力

**A**

　滑空しているときのムササビの体の断面は、飛行機や鳥の翼の断面と同じ形をしている。この反りをキャンバーと言う。こうした断面を持つモノが速い空気の流れに突っ込むと、断面の上下で空気の流れの速さが変わる。空気の流れが速い上側は気圧が低くなり、上に吸い上げようとするチカラが、下側では気圧が高くなって押し上げようとするチカラがはたらく。この吸い上げられる力を「揚力」という。

# ムササビはどのように移動するの？

A

ムササビは、ふだんは30～50メートルほどの中滑空をつなぎながら移動する。そのため、中継点となる木が伐られてしまうと、移動できなくなってしまうのだ。

「地面を走ればいいじゃないか？」と思うかもしれないが、ムササビは走るのが苦手なのだ。ムササビは体重が1キログラムもある動物だが、滑空するときは時速30～40キロで木の幹に着地するわけだから、その衝撃はすごい。衝撃に耐えるため、ムササビの手首と足首の骨は、ほかのリスの仲間よりも太く頑丈にできている。その結果、足首を後ろにまわす、地面を蹴って速く走る、頭を下にすばやく木の幹をおりる、さかさまになって細い枝を伝い歩くという、ほかのリスの仲間なら朝飯前にできる動きが苦手になってしまった。だからなるべく地面にはおりたくない。ムササビは、滑空という能力を身につけたために、ほかの能力を犠牲にしたわけだ。

木を下向きに下りる

地面を走る

細い枝をさかさまにつたう

# Q どんなふうに滑空するの？

A

まず、飛び立つ木の高い枝に止まる。そして、頭を上下に何度か振って到着する木までの距離をはかる。本当は助走したいのかもしれないが、枝の上ではそれができないので、枝を思いっきり蹴る！

滑空の最長飛距離の記録は、山梨県都留市の160メートルと言われているけれど、わたしが観察している東京都奥多摩のムササビは、213メートルの大滑空をする。

飛び立って、水平飛行に移ったムササビ

# Q どうやって着地（着木）してい

# るの？

**A**

到着する木に近づくと、体を立ててスピードを落とす。このとき、失速して墜落しないように腕前膜をゆるめて揚力を増し、四肢を前に突き出す。こうすることで、木にぶつかる際の衝撃を分散しているわけだ。滑空時のスピードは、距離にもよるが時速30～40キロほどだ。

針状軟骨を巧みに操りながら樹間を通り抜ける

着地の瞬間は体を立てる

# Q 滑空中に方向転換はできるの？

**A**

ムササビの滑空は、木々の間をすり抜けたり、曲がったりできるすぐれものだ。もし、到着する木に自分よりも強い相手がいた場合は、着地せずにきれいにUターンすることもできる。

昔の本には、太く長い尾を使って曲がるなどと書いてあったが、旋回に尾はほとんど使わない。じつは、皮膜を「下げて上げる」ことで急旋回をしているのだ。

左側の針状軟骨を下げ、小枝を避ける

## 下げて上げる旋回方法

航空機の旋回は、曲がりたい方向の翼を下げて片方を上げる。子どもが両手を広げて飛行機のマネをしているのと同じだ。

ムササビがどうするかと言えば、「上げる」ためには揚力を増さなければならない。そのために前足を下げる。当然、従属的にだが、前足についている針状軟骨も皮膜の縁の筋肉も縮める。こうすることでキャンバー（反り）を深くして揚力を増す。そのため、前足を下げたほうが上がり、体を傾けることができるのだ。

ムササビのように左旋回する子ども。右腕は上げているが、手のひらは下げている。左腕は下げているが、手のひらは上げている

左に旋回するために、右の前足を下げることで右側の揚力が増える

右前足を下げているのに体が傾いているのがわかるだろうか?　ムササビの方向転換は「下げて上げる」のだ

# Q 世界にはどんなムササビがいるの？

**A** 現在、ムササビは世界に10種が知られている。この本の主役であるムササビは、ホオジロムササビのことで、日本固有種（日本にしかいない種）だ。

**シロフムササビ**
(***Petaurista elegans***)
ヒマラヤ地方（ブータン、インド北東部、ネパール）、中国、ミャンマー、ベトナム、ラオス、マレーシア、タイ、インドネシアに分布。

**オオアカムササビ**
(***Petaurista petaurista***)
アフガニスタン東部、パキスタン北部、バングラデシュ東部、ブータン、ネパール、インド北部、ミャンマー、タイ、マレーシア、インドネシア、ブルネイに分布。

**ホオジロムササビ**
（ムササビ・***Petaurista leucogenys***)
日本（本州、四国、九州）に分布。

**カオジロムササビ**
(***Petaurista alborufus***)
中国、台湾に分布。

**ホジソンムササビ**
(***Petaurista magnificus***)
ブータン、ネパール、シッキム州（インド）、チベット自治区に分布。

***Petaurista philippensis***
**Indian Giant Flying Squirrel**
中国、台湾、インド、スリランカ、ラオス、ミャンマー、タイ、ベトナムに分布。

※この2種にはまだ和名がつけられていない。

***Petaurista nobilis***
**Bhutan Giant Flying Squirrel**
初めはホジソンムササビの亜種[*1]と考えられていたが、後に独立種となる。ネパール、シッキム州、アルナーチャル・プラデーシュ州（インド）、ブータンに分布。

＊1：生物の分類で、「種」として独立させるほど大きな違いはないけれど、同種にも分類できないもの。
※ほかにChinese Giant Flying Squirrel（*Petaurista xanthotis*）が中国に分布する。今まではここにあげた8種だと言われてきたが、2007年と2009年に相次いで新種（Mechuka giant flying squirrel ＝*Petaurista mechukaensis*とMishmi Hills giant flying squirrel ＝*Petaurista mishmiensis*）が見つかった。残念ながら情報が少なく、生息地の詳細や姿を描くことができない。世界のムササビは、以上の10種とされる。

## Q ムササビの学名の意味は？

**A**

ムササビの属名である「ペタウリスタ（Petaurista）」は、「跳躍板を使う人＝軽業師」という意味だ。皮膜を使って森のなかを自由自在に滑空するムササビを「軽業師」と見立てたのだろう。

日本固有種であるホオジロムササビの種小名「レウコゲニス（leucogenys）」は、レウコス（＝白い）とゲヌス（＝あご）で「白いあごの軽業師」となる。この白い頬模様は、夜の闇のなかを滑空するときに、仲間同士の目印として役立つと考えられている。

森のなかを自在に滑空できるムササビは、まさに軽業師だ

# Q ムササビとモモンガはどこが違うの？

## A 大きさが違う

　混同している人が多いが、モモンガとムササビは種が違う。何より違うのはその大きさで、モモンガは頭から尾の付け根までが15～20センチ、尾の長さが10～14センチ、体重は150～200グラムだ。日本には、北海道に大陸産の亜種であるエゾモモンガ、本州以南にニホン（ホンシュウ）モモンガがいる。両種の違いは乳頭の数で、エゾモモンガの乳頭が4対（8個）に対して、ニホンモモンガは5対（10個）。そのほか、陰茎の骨など解剖学的な違いもある。

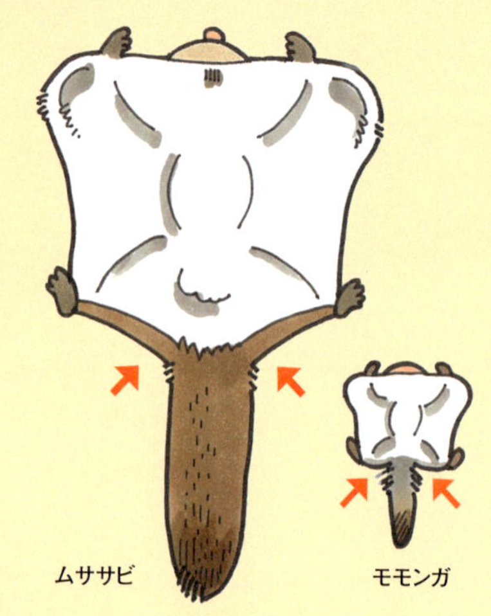


## A 木の登り方が違う

　木に登るとき、ムササビはピョンピョンとジャンプする感じで登るが、モモンガはガシャガシャと手足を振りまわして登る。

　観察者（天敵）から隠れる場合、ムササビもモモンガもサッと木の裏側にまわり込むのだが、モモンガはそれが間に合わないとなると、手足を広げて幹に張りつき、なるべく影をつくらないようにじっとする。

A

## 尾が違う

ムササビの尾は、ズドンとしているが、モモンガの尾は扁平。

ムササビの尾

モモンガの尾

## 皮膜の張り方が違う

82ページのイラストを見てもらうとわかるが、ムササビとモモンガは、腿間膜の張り方に違いがある。

モモンガは尾と腿間膜がつながっていない。ムササビは体を起こしたままで、激突するように着地するが、モモンガは、腿間膜がムササビのように尾とつながっていないから、着地のときに体を起こしながら扁平な尾を立てれば、空母に着艦するジェット機のパラシュートのように、着地の衝撃を弱めることができる。

滑空能力については、ムササビが100メートル以上も滑空するの対して、モモンガはせいぜい30メートルほどと書いてある本が多い。わたしはモモンガの134メートルの大滑空を目撃したことがある。体の大きさから考えると、滑空能力はムササビよりも上なのではないだろうか。

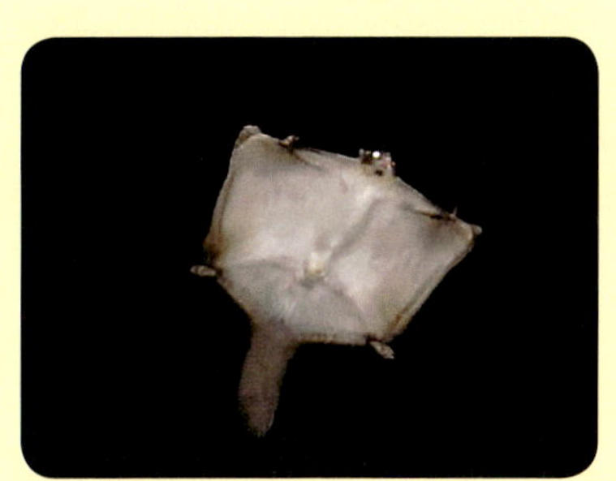

ムササビの皮膜

モモンガの皮膜

## Q ムササビとモモンガはどこが違うの？

## A モモンガは観察がむずかしい

モモンガは何しろ小さく、動きが速い。ムササビよりも目玉が大きい。タペタム（網膜(もうまく)の奥の反射板(はんしゃばん)）はあるが、目に対して真正面から光を当てないと光を反射しない。そのため、巣穴から出てきて滑空(かっくう)するまでは観察できるが、それから先はムササビのように追うことができない。

目が大きいから親も子どももかわいい顔をしているが、雌雄判別はおろか、個体識別なんてとても無理だ。

モモンガ。5月初旬までは、大きさで親子の違いがわかる。上の穴から顔を出しているのが子ども

モモンガ団子（右側が子どもたちの押しくらまんじゅう）、左が母親

これは乳首が確認できるので母親か？

## A モモンガ観察の利点

モモンガはムササビよりも出巣時(しゅっそう)間が10～15分早いので、その後にムササビを観察するという「観察のハシゴ」ができる。日本列島は、北方系のモモンガの南限であり、南方系のムササビの北限でもある。両方を一晩に観察できるのは、とても贅沢(ぜいたく)なことなのだ。

また、モモンガはムササビより子どもの数が多いので（1回の産子数(さんしすう)は3～4頭）、「モモンガ団子」が見られることもある。巣穴からの滑空を見逃しても、その後に連続して出てくれるので、何度かチャンスがある。

# A フンが違う

草食動物のフンがポロポロなのは、捕食者に襲われた場合、逃げながらでもフンができるため、また、自分の居場所が特定できないようにするためだ。だからムササビも、樹上からパラパラとばらけるようにフンをする。ところがモモンガは、「ためフン」といって同じ場所にまとめてする。もちろん、樹上からもパラパラとしているようで、ムササビのフンと一緒に見られることもある。しかし、それとは別に、わざわざ地上に降りてまで「ためフン」をするのだ。

草食動物のなかにもカモシカのようにためフンをする動物はいる。でもそれは、カモシカが自分の「なわばり」を主張するためだと考えられているのだが、はたしてモモンガはどうなのだろう？

ムササビのフンと一緒に見つかったモモンガのばらけたフン

スギ花粉を食べたモモンガのフン。左から右にいくほど古くなる。このように、巣穴の真下のスギの根元に順番に並んでいると、モモンガがわざわざ地上におりてきてフンをしているとしか考えられない。何度か張り込んでみたものの、フンをする姿は観察できていない

# Q ムササビの視野(しや)はどれくらい？

## A

ムササビは草食獣(そうしょくじゅう)なのに、肉食獣(にくしょくじゅう)のように目が顔の中心に並んでついている。本来、草食獣の目は左右についており、見える範囲が350度もあって敵を見張ることができる。

肉食獣の目は正面に並んでついており、双眼視(そうがんし)によってモノを立体的にとらえることで、獲物(えもの)までの距離を正確にはかることができる。この見える範囲を視野という。

ムササビは、滑空(かっくう)して着地点までの距離を正確にはかる必要があるので、肉食獣のように目が正面に並んでついているので視野が狭い。枝で休むムササビの親子や幼い兄弟は、それぞれに互い違いの方向を向いている。これは、捕食(ほしょく)される側の動物なのにもかかわらず視野が狭いため、互いに死角(しかく)（見えない部分）をカバーしているからだ。

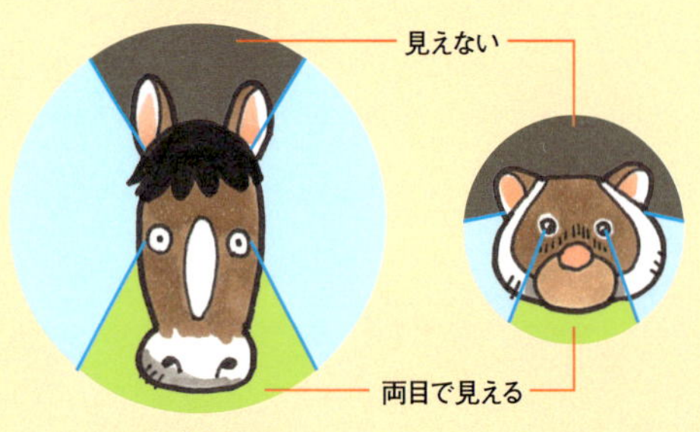


草食獣の視野　　ムササビや肉食獣の視野

互い違いの方向を向き、死角となる部分をカバーし合う兄弟

# Q ムササビの寿命(じゅみょう)は？

## A

野生下の場合は5～10年、飼育下の寿命は長くて15年と言われている。小さな動物のわりに寿命が長いのは、ムササビが滑空する動物だからで、空中生活者のコウモリにも当てはまる。

不思議なのはモモンガだ。滑空動物であるにもかかわらず、産子数は3～4頭と多く、寿命は野生下で4～5年（アメリカモモンガの例）である。

妊娠しているので、木の幹にうまくへばりつけないモモンガ

## Q 江戸時代、ムササビの絵は火事を防ぐお守りだった？

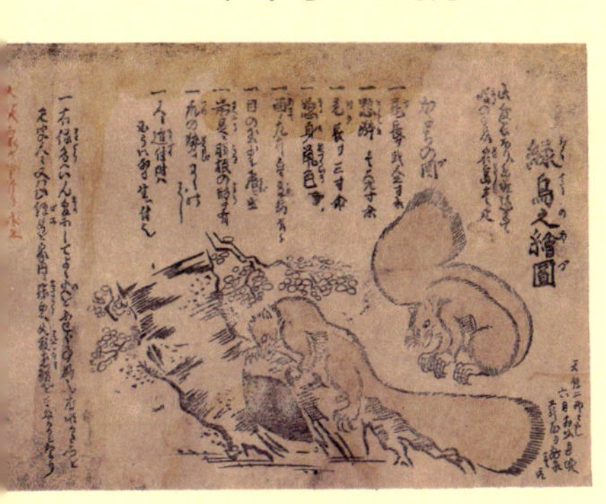


江戸時代はムササビを鳥だと思っていたのだろう。この絵には針状軟骨も描いてあるし、説明文も納得でき、じつによくムササビを観察していたのだなぁと感心する

**A**

ムササビの絵（緑鳥之絵図）をかまどの近くに張っておくと、火事を防ぐお守りになったという。これは、闇夜に提灯を持って歩いていると、どこからともなくムササビが飛んできて提灯の火を消すことから来た言い伝えらしい。

ムササビ自身が火を消すのではなく、提灯を持った人が滑空するムササビにおどろいて提灯を落としたのだろう。あるいは、滑空中に起こる風で本当にロウソクの火を消したのかもしれない。

## Q ムササビはなぜ「バンドリ（地方名）」と呼ばれるの？

**A**

晩（夜）に飛ぶ鳥からついたという説もあるが、じつは「晩獲り」で、夜の狩りを意味する言葉だ。現在は、日没後の発砲は禁止されているが、里山の動物はみんな夜行性なので、夜のほうが獲りやすかったのかもしれない。

しかし、タヌキもキツネもアナグマも、人間が気づいたときは逃げた後なので、獲物はムササビだけだったのだ。ムササビは樹上生活者であり、人間とは生息空間がちがうため、人間を警戒しなかった。しかも、滑空すれば腹が白くてよく目立つ、格好の的だったのだろう。こうして、いつのころからか「バンドリ」はムササビを指すようになった。

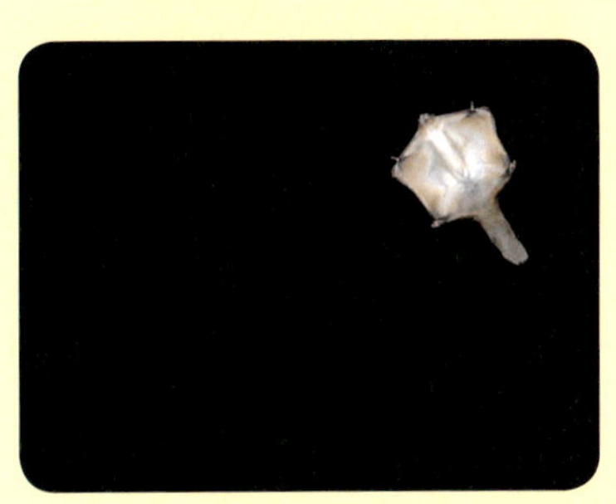

これなら夜でも散弾銃の的になるだろう

## Q ムササビの子どもの生存率は？

いくら食われる側の動物とはいえ、自然は厳しい

わたしが観察しているムササビでは、5回の出産に立ち会って、2頭生まれたのが3回、1頭だけが2回、計8頭の子どもを産んでいる。しかし、子別れまで育て上げた子どもは2頭だけ。2018年には、4月に生んだ2頭と、7月に産んで出巣まで育てた1頭の子ども、計3頭を亡くした。

## Q 中国ではムササビのフンが売られている？

中国では、ムササビのフン（乾燥させたもの）が「五霊脂」という漢方薬として売られている。丸める必要がないので都合がいいのだろう。

漢方では活血・止痛の効能があり、煎じて飲むのだそうだが、味は塩辛くて苦味があり、においはほとんどないという。「五」は、ムササビが滑空するときの皮膜を広げた五角形から来ていると思われる。そこで、人間の「五臓六腑」の五臓（心臓・肝臓・脾臓・肺臓・腎臓）につながり、薬効があると信じられているのだ。

## Q ことわざ「梧鼠の技」ってどんな意味？

梧鼠とはムササビのことを指し、「梧鼠の技」とは、さまざまな技能をもっているが極めている技能がない、または役に立つ技能が1つとしてないことを揶揄した言葉だ。

ムササビは、飛ぶと言っても屋根を飛び越えるほどでもなく（滑空だから）、木に登ると言ったところで梢まで登れるほどでもなく（体が重いから）、泳ぐけれど谷川を渡れるでもなく（泳ぐ姿を見たことはないが）、穴も掘れないし、走るのも人間より遅い。わたし的には、これだけの技を持っていれば充分だと思うのだが……。

# 森のなかでのムササビの役目ってなに？

A

生物多様性にかかわるムササビの役目は、大きく分けて3つある。1つ目は植物の枝を剪定し、翌年の葉や実のなりを増やすこと。2つ目は、木登りの苦手なアナグマやタヌキのために、実を落とすこと。3つ目は樹洞のメンテナンスだ。

ムササビは自分では穴を空けられないが、とっかかりさえあれば穴をかじって広げることができる。樹洞は、自然に折れた枝の痕やアオゲラ（キツツキのなかま）があけた穴に風雨があたり、そこに木材腐朽菌（サルノコシカケなど、きのこの仲間）が入り込んだり、さらにミツバチやスズメバチが入って空洞が広がることでできる。この段階で小鳥やモモンガ、リスといった小動物が使うこともあるだろう。しかし、最終的な仕上げがムササビの役目だ。入口を広げ、なかを快適な広さにして巣材を運び込み、いつでも自分が使えるようにする。

樹木は、「傷口」である樹洞をふさごうとするが、ムササビが5～6か所持っている樹洞を順番に見まわり、狭くなってしまった入口をかじり広げ、いつでも使えるように保っているのだ。

このサイズの樹洞は、小動物や小鳥ばかりではなく、アオバズクやブッポウソウ、テンやハクビシンも使う。ムササビは「自分で使うつもり」でやっているだけなのだが、結果的にほかの動物たちに樹洞を提供するばかりではなく、メンテナンスも引き受けているわけだ。

メンテナンス直後の樹洞。ムササビが新しくかじったところから樹液が浸み出し、アリが集まっている

枝が折れたり、アオゲラがつつくことで傷がつく

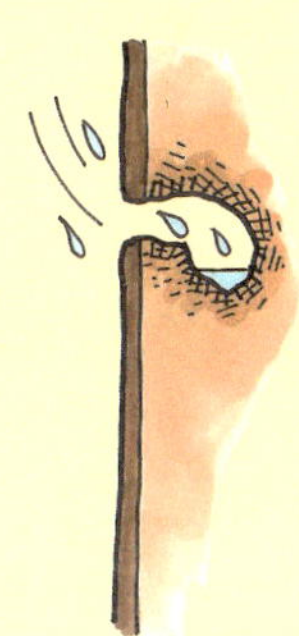

傷口に雨風が入り込み、中がぐずぐずになる

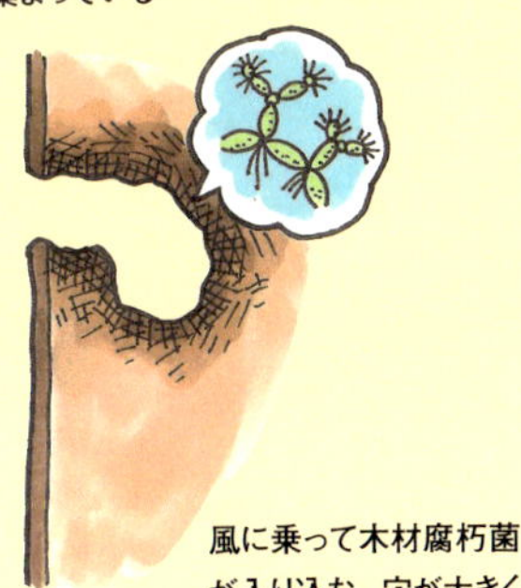

風に乗って木材腐朽菌が入り込む。穴が大きくなり、中がもっとぐずぐずになる

# Q 世界にはほかにも滑空する動物がいるの？

A

哺乳類では、ムササビ・モモンガのほかに、アフリカにはウロコオリス、東南アジアにはヒヨケザルがいる。オーストラリアの有袋類にはフクロモモンガ、さらに爬虫類にトビトカゲ、トビヘビ。両生類にトビガエルがいる。それぞれ同じ仲間ではないけれど、共通点がある。樹上性であること、夜行性であること、そして食べられる側の動物ということだ。おそらく、捕食者に木の上まで追い詰められ「えいっ、ままよ！」と命がけで空中に飛び出しているうちに、ほかの個体よりも体の脇の皮膚が余っていて、滑空に適した個体が生き残り、その生き残った同士が代を重ねて、皮膜を持った動物に進化したのだろう。このように、異なる生き物が、同じような環境で同じような生活をしていると、同じような体つきになったり、同じような形質を持つことを「収れん進化」という。

column

# 動物園で生きるムササビのサビ

埼玉県こども動物自然公園にいるムササビのサビ。「なかよし広場」の木から飼育員の肩に滑空することで、子どもたちに大人気だ。

彼女は、まだ目も開いていないころ、民家のケヤキを伐ったときに樹洞から転がり出た。民家の人もまさかムササビがすんでいるとは思わなかったらしく、とりあえず業者が保護したわけだが、ムササビの母親から言わせたら拉致だ。母親は3日間、倒された木に通いつづけたという。写真を見てもわかるが、本来は夜行性のムササビが、わが子を探すために危険を冒してまで昼間に通いつづけたのだ。

兄弟のうち1頭は死んでしまったが、3か月間生き延びたサビを「なんとかしてくれないか？」という連絡がわたしのところにきた。ここまで人間の手で育てられたムササビを野生には戻せない。そこで動物園の友人に相談したところ、こころよく引き受けてくれた。

しばらくぶりに会いに行ったら、飼育員の手は傷だらけ。いかに懸命に育ててくれたかがわかる。来園者に滑空を見せるのは、毎日ではない。まずは飼育員がサビを肩に乗せて来園者の前に立ち、ムササビを含めた身近な自然について話をする。ムササビの滑空が見られる動物園は少ないから、サビが皮膜を広げる姿を見て、来園者は大喜び。人間に育てられたせいか、サビは子どもたちに触られても嫌がらない。

しかし昨今、「夜行性のムササビを昼間に滑空させるとは何事だ！」という声もあり、あまり滑空はさせていないという。多くの来園者は、ムササビとモモンガの違いがわからなくても、「滑空する動物である」ということは知っている。個人的には、これはとてもいい展示だと思うのだが……。

命拾いをしたサビ。本来の生き方ではないけれど、動物園の理解と飼育員の努力で、生きた環境教育教材として、「野生からの大使」役を立派につとめている。

埼玉県こども動物自然公園
http://www.parks.or.jp/sczoo/

昼間にもかかわらず、倒されたケヤキ周辺にわが子を探しに来た母親

サビの滑空に歓声をあげる来園者

ムササビは、滑空してこそムササビだ

# 二宮忠八とムササビ凧

1903年、アメリカ・ノースカロライナ州キティホークで、ライト兄弟が人類初の有人動力飛行に成功した。しかし、その7年も前にすでに綿密な飛行機の設計図を書き上げていた男がいた。二宮忠八という日本人だ。日本軍の上層部が「人間が空を飛ぶ！」ということが理解できなかったために、彼の研究は頓挫する。

ライト兄弟のいちばんの悩みは横風対策であったが、弟のオービルが自転車（当時、ライト兄弟は自転車屋を営んでいた）のチューブの箱がたわんだのを見て、「たわみ翼」を発明する。操縦席からワイヤーで引っ張り、臨機応変に翼の形を変えることにしたのだ。

一方、忠八が考案した「玉虫号」には、主翼の下に補助翼がついており、翼を可変させることにとっくに気がついていたことがわかる。ライト兄弟は鳥だけを観察していたが、忠八はムササビも観察していたのだ。

香川県の「忠八飛行館」には、彼が実験に使った「ムササビ凧」が展示されている。これは3本の糸で操作するもので、現在のゲーラーカイトの原型だ。忠八は子どものころから自然が好きで、何でも観察していたという。忠八というと、ゴム動力の「カラス型模型飛行機」ばかりが注目されているけれど、「翼の形を変化させる」ことに着目したムササビ凧を、もっと評価してほしいと思う。

人類初の有人動力飛行の栄光はライト兄弟に先を越された忠八だが、後年、神主の資格を取り、自宅の庭に「飛行神社」を建立して、いまも世界中の空の安全を祈願している。

忠八が設計した「玉虫号」。主翼の下（操縦席の両脇）に補助翼がつく

忠八が研究に使ったムササビ凧

飛行神社

# Part 3

# ムササビの見つけ方と観察の方法

夜行性（やこうせい）の動物、ムササビ観察のポイントや
楽しみ方を紹介します。

# ムササビにあうために

## その1 地元の人から情報を集める。

## その2 フィールドワークをする。

フィールドワークというのは、野生動物のフンや足跡を探して、その対象動物が生息しているかどうかを確認する作業だ。

ムササビの場合、ほかの動物と違いめったに地面に下りないため、足跡ではなく、フンや食痕(しょっこん)などを探す。また、ムササビがすんでいることがわかれば、わざわざ樹洞を探さなくてもいい。明け方に戻ってきたムササビの行き先を見ていれば、自(おの)ずと樹洞は見つかる。

次は出巣(しゅっそう)時間に行って、樹洞を見張る。ここからムササビ観察が始まる。そこはもう自分のフィールドだ。

## その3 見せてくれる人と一緒に見る。

インターネットなどで調べれば、ムササビ観察会の案内が出ていたり、個人で観察している人にメールを送って同行させてもらうこともできる。そこで、観察方法や注意点、コツなどを教わればよい。教えてくれた人とは、マメに情報交換をしよう。

わたしの場合、働きかけられたときは、こころよく教えるし、一緒に連れて行く。というのは、野生動物観察は「目が多い」ほうがいいからだ。誰かが一緒にいたほうが客観的になり、思い込みにおちいらないですむことが多い。だから、同じフィールドを共有する仲間がいることは大歓迎なのだ。

## まわりの環境を下調べ

さて、ムササビが生息していることがわかったら、明るいうちに「崖があるか？」「足元に岩場がゴロゴロしているか？」「木の根が出ていないか？」など、周囲の環境を頭に入れる。つまり、足元を見ずに、上を見上げたままで走りまわれるか、後ろに下がったときに崖に落ちないか、カメラを振った場合、レンズを狛犬や灯篭にぶつけないかといったシミュレーションを入念にする。

簡単な略図にするのもいい。目立つ樹木に「裂け目スギ」とか自分なりに名前をつけた「わかる人だけがわかる地図」だ。それを共有すれば、仲間に伝えやすくなる。

## 地元の人に配慮した観察を！

「近くに人家があるか？」ということも大事だ。後でも述べるが、ムササビを探すときには赤いライトを使うのだが、地元の人は、夜に窓の外に赤いライトがチラチラしていたら驚くだろう。赤いライトはムササビにはやさしいかもしれないけれど、人間にとっては非常事態のサインでもあるからだ。

山間にある無人の神社などで観察する場合、「火事」だと思われて通報されてしまうことだってある。だからこそ、地元の人とのコミュニケーションが大事になるのだ。

# ムササビのフィールドワーク

## フン

正露丸くらいの大きさの丸い粒々なので、見間違うことはないだろう。

粒々がムササビのフン。
指でつぶしてみると紅茶のような香りがする

## 巣材木（p.28）

スギやヒノキの樹皮が、30センチくらいの長さで段々にむかれている木があったら、それは巣材木だ。

## 食痕（p.38）

大風が吹いたわけでもないのに、道に枝や葉っぱが落ちていたらムササビのしわざだ。枝の切り口を見ると、ナイフで切ったように斜めにきれいに切れているので、風などで自然に折れた枝と容易に見分けがつく。神社やお寺は、早朝にきれいに掃除がされることがあるので足元だけを見ずに枝先も見るようにする。不自然に葉が落ちて枝が魚の骨のようになっていたり、かじり落とさなかった枝、よく見るとV字のかじった痕の残る葉もわかるはずだ。

参道に落ちている小枝

上を見上げるとムササビのかじった痕がわかる

## 樹洞

直径が8センチ以上で、穴の入口がテカテカと磨かれていたり、スギなどの針葉樹の場合、入口のまわりの樹皮が毛羽立って赤っぽくなっていたら、定期的に使っている樹洞だ。入口付近に落ち葉が散らばっていたり、クモの巣があったら、使っていないと考えたほうがいい。

36年前に初めて自分で見つけた樹洞。今もムササビが使っている。顔を出してくれたときはうれしかった

## 観察する

ムササビを探すときは、夜にライトで眼の反射を見つける。ムササビの網膜の奥にはタペタムという反射板があり、それがライトの光を反射してくれるので、ムササビが見つかる。樹冠の合間から差し込む星の光、木のヤニや雨上がりの水滴の反射にだまされないように、丹念に探す。ライトは、自分の顔の横に持ってきて、ライトと目線を合わせることが肝心だ。

ライトは耳につけるようにしてもつ

## 赤いフィルター付きのライト

観察用のライトには、必ず赤いセロファンをかぶせて輪ゴムかセロテープで止める。高感度の眼を持つムササビには、白いライトはまぶしすぎるためだ。撮影するときのストロボは、一瞬なのでさほど影響はないようだが、さすがに滑空中に正面からあびせるのは控えたい。

樹洞や巣箱の前で出巣を見張る場合、光量の弱い赤フィルターを付けたライトをつけたまま置いておくという方法もある。ライトが突然ついたり、チラチラと動いたりすることがムササビたちの「非日常」なので、お寺や神社の境内にある常夜灯のような存在にしてしまえばいいのだ。野生動物の観察は、野生動物と自分の日常を共有することだ。

置きライトは赤マジックで電球を塗ったものを使っている

## 観察に向いた天気

ムササビは、土砂降り(どしゃぶ)でも雪でも滑空(かっくう)するが、観察する側は上を見上げているためつらい。また、雨の日は通常よりも出巣(しゅっそう)時間が遅くなる。逆に、星のきれいな晩は、樹間から見える星をムササビの眼の反射だと思ってしまい、まぎらわしい。

雲が低く垂れこめて、生暖かい空気のときがベストだ。空が白いために、シルエットも目立つ。大風のときはさすがにムササビも滑空しない。これはコウモリ観察も同じ。

雪のなかを滑空するムササビ。このときは粉雪(こなゆき)だったのできれいに雪が写り込んだ。牡丹雪(ぼたんゆき)だとストロボで雪が大きくなってしまい、ムササビが隠れてしまう

## 音を聞き、風を感じる

鳴き声、着地音、葉ずれ、フンをしている音……。周囲の音もムササビ観察の重要な手がかりになる。

ムササビの鳴き声には、「チュルルルル」「キョロロロ」「ギョロロッ」など、いくつかバリエーションがある。

出巣した直後は、枝の上からフンをする。フンは粒々だから、葉や神社の屋根にあたって「バラバラバラ……」という音がする。この音を聞くと、「なるほど、砂かけ婆の正体はこれだったのか!!」と感じることだろう。

着地音はかなり大きく、「ガシッ！」という音が聞こえる。枝伝いに移動しているときには、葉がすれる音が聞こえる。採食中は「ミチミチ」とか「クチュクチュ」と音がする。また、姿が見えなくても真下に行けば、パラパラと食べかすが落ちてくる。時には枝ごと食痕(しょっこん)が落ちてくることもあり、「ついさっきまでムササビが食べていたのだ」と感慨深く(かんがいぶか)なる。

ムササビが観察者の頭上ぎりぎりを滑空すると、ブワッと風を感じる。昔の人が、真っ暗闇で突然、顔に感じる風を「天狗(てんぐ)の羽団扇(はうちわ)」であおられたと、腰を抜かした気分もわかる。

# 巣箱をかけてみよう!

## 保護とは? 保全とは?

ムササビのすんでいる樹洞のある木を守るのが自然保護。その木が伐られてもいいように、近くに樹洞の代替えになる巣箱をかける行動が保全だ。寺社林の植生を増やしたり、二次林に樹洞を増やすことはむずかしいが、巣箱をかけることはできる。

ムササビは、100頭いれば100個の巣穴があればいいという動物ではない。1頭あたり平均5～6か所の巣穴を持っている動物だ。だから巣箱は何個あってもいい。使うか使わないかは、ムササビが決めることだ。

近くの神社にすむ親子

この樹洞は見つかりにくい。偶然、明け方に潜り込むところを見つけた

手前の巣箱にはチャイロスズメバチが入り、右奥はアオゲラが使っている。巣箱はムササビだけでなく、森のみんながシェアしている

## 樹洞のメリット・デメリット

樹洞には保温性がある。また、天敵に見つかりにくいという効果もある。しかし、樹洞ができるまでには年数がかかるし、奪われたときに代替がすぐに(近くに)見つからないこともある。また、数が限られているので競合相手が多いというデメリットもある。

樹洞の数が限られているということは、1頭の行動圏内にいくつもの巣穴を持っているムササビの生息数を制限する要因になるということだ。安藤元一氏の論文によると、この樹洞のデメリットをカバーするのが巣箱だと思う。

## 巣箱のメリット

まずは巣箱のメリットをあげてみよう。

①親子が巣穴をひんぱんに移動する場合、すぐ近くに（母親のなわばり内に）別の巣箱があれば、母親は長距離を危険を冒すことなく子どもを移動させられる。

②巣箱なので、カメラを仕掛けたり温度計を仕込み、巣のなかを観察することができる。

③巣箱の入口は垂直面だから、子どもの落下事故が防げる。

④「環境教育教材」として価値がある。

ムササビ観察会をする場合、天然樹洞ならば、木の根が露出（ろしゅつ）していたり岩場のような足場の悪い場所に参加者を連れて行くのは危険だ。何よりも夜であること、そして参加した子どもたちは「走るな」と言っても、足元も見ずに上を見上げたままでムササビの滑空（かっくう）に合わせて駆け出してしまう。

そこで、あらかじめ観察会を開くことを前提にして駐車場に隣接（りんせつ）している場所や、開けた場所を選び、巣箱をかける木も滑空に邪魔だと思われる枝や、天敵（てんてき）が待ち伏せしそうな枝を払う、このようにムササビのすんでくれる場所を人間が設定したうえで巣箱をかけることができる。

トヨタの森「ムササビに会える森づくり」のワークショップ。参加者が、ムササビと観察者の両方の立場になって考え、ムササビのための（観察者のための）空間を作る伐採作業

参加者は、日本各地の動物園の職員や、環境教育施設のインタープリターたち。それぞれがノウハウを持ち帰って、各地で実践してほしい

## 地域の人を巻き込もう

ムササビ用の巣箱は、鳥用の巣箱のようにスプリングやシュロ縄で取り付けることはできない。大きくて重いため、針金やビニール被覆の銅線、結束ベルトなどで、しっかり取りつけなくてはならない。そのため、木を痛めることにもなる。そこで、地元の人への“お願い”が何よりも大切になる。

わたしは、いままでに50個ほどの巣箱をかけているが、地主から「だめだ」と断られたことは一度もない。むしろ「へぇっ、ムササビがいるんだ!?」と喜んでくれる人ばかりで、なかには「巣箱の入口をかじっていたぞ！」と、わざわざ電話をくれる地主さんもいる。だから観察中に地元の人へのあいさつは欠かせないし、かけた巣箱のメンテナンスも欠かせない。

確かに「趣味で観察しているだけ」なら面倒だと思うかもしれないが、保全活動は、ムササビに関心を持っていなかった地元の人をも巻き込むことができるわけであって、よくぞこの時代までムササビを残してくれたという、地元の人への感謝もある。

現在は、日本各地の環境教育施設や動物園、個人で、ムササビの巣箱をかける活動が盛んになっており、自然発生的に「ムササビ巣箱ネットワーク」を作り、意見交換をしている。

40年前、わたしが初めてムササビの巣箱をかけさせていただいたお宅。いまも「ムササビが鳴いたよ」と教えてくれる

富山市ファミリーパーク内「ムササビ村」にある巣箱。天井にカメラが仕込んであるため、巣箱は縦に長い

園内にこのような巣箱が5～6個あり、来園者にモニターをみせたり、野生のムササビのガイドや観察会を開いている。今年はこの巣箱でフクロウが繁殖しているそうだ

青梅の森の実験場

青梅市がこんな道標を建てた

## 青梅の森の実験場

青梅の森は、日本で4番目に広い東京都青梅市にある特別緑地保全地区だ。その入口に、わたしのムササビ巣箱の実験場がある。もちろん、年度ごとに市役所へ活動計画書と報告書を提出している。このエリアで5年連続繁殖したこともあり、市役所も喜んでくれてこの広場を「ムササビ広場」と名づけた。

通称「エリア1」は、メスのムササビのなわばりだ。奥行き50メートル、左右30メートルの沢に、互い違いに10～20メートルの間隔で巣箱を5個かけている。巣箱をかけている樹種は、モミ・コナラ・ケヤキ・サクラとさまざまな種類にした。巣箱の高さは、3～4メートル。「やや低いのでは？」と思うかもしれないが、カメラの操作やSDカードの交換、巣箱のメンテナンスがしやすいようにという人側の都合で、車に積んで運べる「伸縮自在のハシゴ」に高さを合わせている。天然樹洞にも高さが3メートル以下の樹洞はいくつもあって、ムササビは巣箱から出ると滑空のために一気に登るため、巣箱の高さはそれほど関係はないようだ。

## 巣箱をかけてわかったこと

ムササビは、巣箱をかける木の樹種や巣箱の高さ、入口の方角を選ばない。通称「エリア1」のメスは、5個すべてに巣材を持ち込んでいつでも使えるようにした。ただし、いつも使っているのは1号・2号（2号は一時チャイロスズメバチに占拠されたが繁殖時期のオスの仮宿になった）・4号だ。3号は早くからアオゲラが使っており、新しくかけた5号はシジュウカラが使っている。2号巣箱で出産、4号巣箱で子育てをして、独立した子どもが1号巣箱を使うというように、母親をはじめ、ここから巣立った子どもたちも孫を連れてやってくる。

いまのところ、メスのなわばり内に5個の巣箱をかけたのは、成功だったのではないか？と考えている。むしろ心配なのはほかの地域に行ってるときで、2度とも子どもを亡（な）くして戻ってきた。このようなエリアを、第2、第3と作っていこうと思っている。

2号巣箱にいたオス。頭の後ろにチャイロスズメバチの巣が見える

## 巣箱の設計図（せっけいず）

巣箱の材はスギだ。板の厚さは16～20ミリ。かけるときに重いのだが、保温性の点でもこの厚さに落ち着いた。入口の径（けい）は60ミリほど。ムササビにはやや狭（せま）いのだが、かじり広げるので問題はない。場合によっては、80ミリに空けておいて、薄い板を張りつけておくと、かじったのが一目瞭然（いちもくりょうぜん）だ。わたしの巣箱はカメラを突っ込む関係から、入口が左右に長い。

巣箱をかけていたら、クワガタを捕りに来ていた子どもが、「郵便ポスト?」と聞いてきた

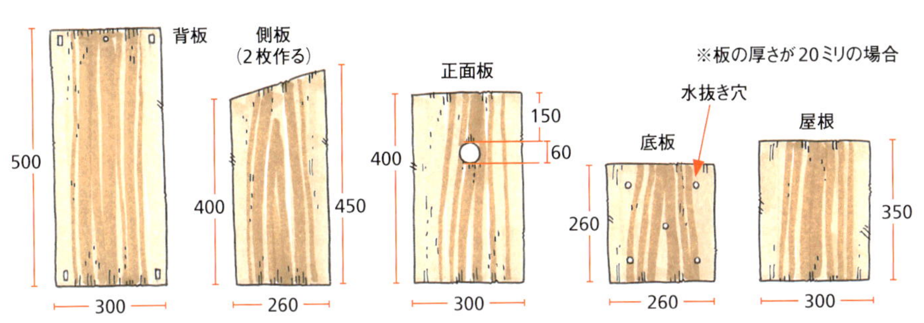

# ムササビの滑空（かっくう）を撮影する

中望遠レンズでの撮影（トリミングあり）
焦点距離：100mm　1/200秒　F4.5　ISO1600
ストロボ：TTLモード

## 必要なもの

- 高感度対応の一眼レフカメラ
- 中望遠レンズ（明るいほうがいいが、重くて手持ちが厳しくなるので、通常のものでもOK）
- 広角レンズ（明るいもの）
- ストロボ（強力なもの）
- 赤サーチライト（ムササビを探すときに使う）

## 中望遠（ちゅうぼうえん）レンズ（焦点距離70～200mm）での撮影方法

主に滑空の飛び出しを撮影する場合には、中望遠レンズを使う。オートフォーカスでムササビの目にピントを合わせておき、滑空のときを待つ（滑空するまでシャッター半押し状態はキープ）。滑空した瞬間は、滑空方向へカメラを動かしながらシャッターを切る。上を向いたままカメラをずっとのぞかなければならず、首と腕への負担が大きいのが難点。しかし、迫力ある大きな像を撮影できる。

広角レンズでの撮影（ノートリミング）
焦点距離：10mm　1/500秒　F7.1　ISO1600
ストロボ：距離優先マニュアル発光モード

## 広角(こうかく)レンズ（焦点距離10～20mm）での撮影方法

滑空途中～着地の撮影には、広角レンズを使う。撮りたい高さにピントを合わせ固定して、マニュアルモードで手持ちで撮影。ファインダーはのぞかず、滑空するムササビにカメラを向けて（追うように）シャッターを押す。ムササビは小さくなってしまうが、周辺の環境を写し込むことができる。

ムササビとの距離がある撮影には適(てき)さない。距離は10メートル以内がベスト。中望遠レンズにくらべて首への負担は少ないが、手持ち撮影のため、ムササビがいつ滑空してきてもいいように、カメラを上向きにして肩で保持しておく。腕と握力がきついのが難点。樹洞や滑空拠点木、滑空コース（滑空する高さも含め）、そのフィールドのムササビについて、できる限り熟知することが必要。なお、ISO感度(かんど)やシャッタースピードなどは使用するカメラ、ストロボ、レンズにより変わるので、撮影を数多くこなして、ちょうどいい設定に合わせよう。

※ここで紹介した撮影方法は、この本の滑空写真を撮っている鈴木 友氏のテクニックだ。

# 観察会をするときのアドバイス

## ◯事務局をつくる

観察会参加者の窓口を1本化するために、1人を事務局にしておくと、雨天中止の連絡なども混乱しないですむ。

## ◯ガイダンスを設(もう)ける

参加者に、フィールド近くの公民館、町内会の集会所に集まってもらい、「これから観察するムササビとはどういう生きものなのか？」をレクチャーする。モモンガとムササビの違いがわからない人、ムササビが哺乳類(ほにゅうるい)だと思っていない人が参加することもある。このガイダンスを始めた20年前、「観察会は行きますが、ガイダンスは欠席します」という人もいた。また、「ペット同伴(どうはん)は可能ですか？」という人もいる。こういう人には参加してもらわなくてよい。

ガイダンスでは、観察のための諸注意も話せるし、トイレもすませられる。参加人数にもよるが、参加者が20人程度の場合、ガイド（リーダー・サブリーダー）は３～４人は必要。ガイドは、腕や帽子に「蛍光(けいこう)ケミカルライト」を付けておくと、現場でのガイド同士の連絡がスムーズだ。

「野生動物の痕跡」の観察会の1シーン。このときはツキノワグマのフンを見つけた

## ◯入念に下見する

観察会の1週間くらい前には、ガイドが集まってどこを歩くのかをリハーサルする。ガイダンス会場からフィールドに移動する場合、車の通行の多い場所は避けよう。雨天中止の場合は、前日の19時までには参加者に連絡する。

## ◯必ず保険に入る

「事故なんか起こさない」という気持ちで入念に下見をしても、何が起きるかわからない。1人50円～で入れるイベント保険がおすすめ。重要なことは、確実に自分でお金を払い、人に頼んだ場合は領収書を確認すること。

参加者には明るいうちにフィールドを歩いてもらい、コースを知ってもらう

# ムササビの保護運動の歴史

周囲の木が伐られ、孤立してしまった石舟神社

ムササビの保護運動は、40年前に山梨県都留市から始まった。都留市にある石舟神社のムササビは、周囲の木が伐られたために孤立してしまい、山へ行けず、御神木であるケヤキしか食べるものがない。このままでは御神木が枯れてしまうということで、大人たちはムササビを追い出すことにした。神社の脇に消防車を横づけし、ムササビの巣穴めがけて放水したのだ。まだ日本に自然保護という意識が育っていなかった時代の話とはいえ、ずいぶんと乱暴なことをしたものだ。

そこで当時、都留文科大学の今泉吉春先生の指導の元、「ムササビ・リス・ネズミ・モグラ協議会」が作られ、ムササビが山まで行けるような中継木を古い電柱を使って建てたり、エサ台を作り、近くの小学生たちが集めてきたドングリを置いたり、エサになるアラカシの苗を植えた。また、自然保護団体が基金を集め、隣接するゲートボール場を買い取り、ムササビのすめる環境を広げる努力をした。

高度経済成長期、野生動物のことなんかに目もくれなかった日本人が、少しづつ彼らのことを考える余裕ができて、日本人の心が成長したのだと思う。

小学生のドングリ集めはいまも続いている

30年ぶりに訪れたが、現在もムササビがいたっ!!

当時、植えたアラカシの苗はこんなに大きく育った

# お節介(せっかい)をつづけていく

わたしがムササビ観察を始めて36年。わたしの知る限り、ムササビが絶滅したという寺社林(じしゃりん)はない。

おそらくムササビは、分散(ぶんさん)の時期になると、地面を走るなどの危険を冒(おか)してでも血をつないでいるのだろう。「どっこい生きている！」という野生のしたたかさの前にひれ伏すしかない。

野生動物の調査・研究には、地元の古老の話を聞くことがとても大事なのだが、「……戦争前で俺がまだ若いときの話だ……」ということが多かった。当時、まだ20代だった私は、「ったく、ま〜た50年も前の話かよぉ〜」と、どこかいい加減に聞いていたように思う。

しかし、この本を出すにあたって「サクラとムササビ」の写真を撮りに、35年前にソメイヨシノを食べていた場所に行くと、同じサクラをいまもムササビが食っていた。野生動物は、よほど周囲の環境が変わらない限り、いつまでも同じ場所にいるのかもしれない。

それは、考えようによっては、もうそこでしか生きていけないということなのかもしれないけれど、せめてそれを何とか手伝って（野生動物からは「頼んじゃいね〜よ」と言われるだろうが）、つないでいきたいと思う。

造園屋のおじさんが、ムササビの巣箱かけを引き受けてくれている。手前にアオゲラが空けた、できかかった樹洞があるだろう？　この場所を選んだのは、樹洞ができるまでは時間がかかる、だからこそ巣箱をかけるのだという教材になると思ったからだ。

やがて、天然の樹洞が育ったら、巣箱はいらなくなる。巣箱は仮設住宅なのだ。環境教育の実践(じっせん)や自然環境の保全は、自分たち（人間たち）だけでなく、自然のみんな（地域の人も含めて）に協力してもらって、伝えていかなくてはならない。

2018年の春、全国の「ムササビ巣箱ネットワーク」の巣箱で産(う)まれたムササビの赤ん坊の数を集計したら、16頭だった。この数は、巣箱がなくても生まれていた数なのかもしれないが……。

しかし、巣箱をかければムササビが途(と)絶(だ)えることはないと信じ、これからも「お節介」をつづけていこうと思う。


## 謝辞

この本の制作にあたって、多くの方々に協力していただいた。皆さん「ムササビのためなら」と、こころよく写真を提供してくれた。わたしの観察会に参加してくれた、ムササビ滑空写真専門の鈴木 友氏との出会いが、この本を出す勇気をくれた。おかげで迫力ある滑空(かっくう)写真を数多く紹介できた。同時期に、彼のご両親のマンションにムササビがすみついてくれたのも不思議な縁(えん)だ。

川道武男先生、安藤元一先生には、貴重な写真や論文を提供していただいた。おかげさまで、ムササビ観察36年の集大成となる本を出すことができました。

ヘルメットに地下足袋。プロは仕事が早い

# おまけ

「滑空ムササビのパラパラまんが」。24枚なので、カッターが使える子どもであれば作ることができるだろう。ワークショップや、環境教育の教材として活用してほしい。

1

2

3

4

5

6

7

8

9

10

11

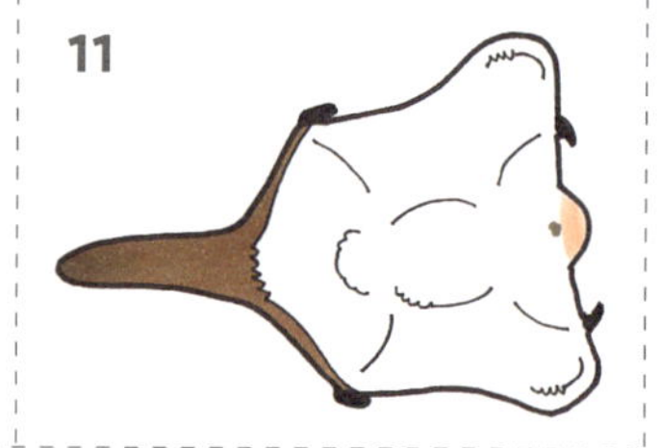

12

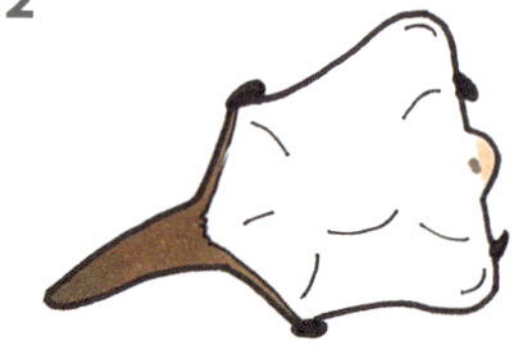

## 作り方

① このページのカラーコピーをとる。

② 線に沿って切りはなす。

③ 1枚ずつ単語カードにはりつける。
（カードの角に合わせて張るのがコツ）

1番を上にして、リングのほうをおさえて親指ではじくと……。ほら、ムササビが滑空する！

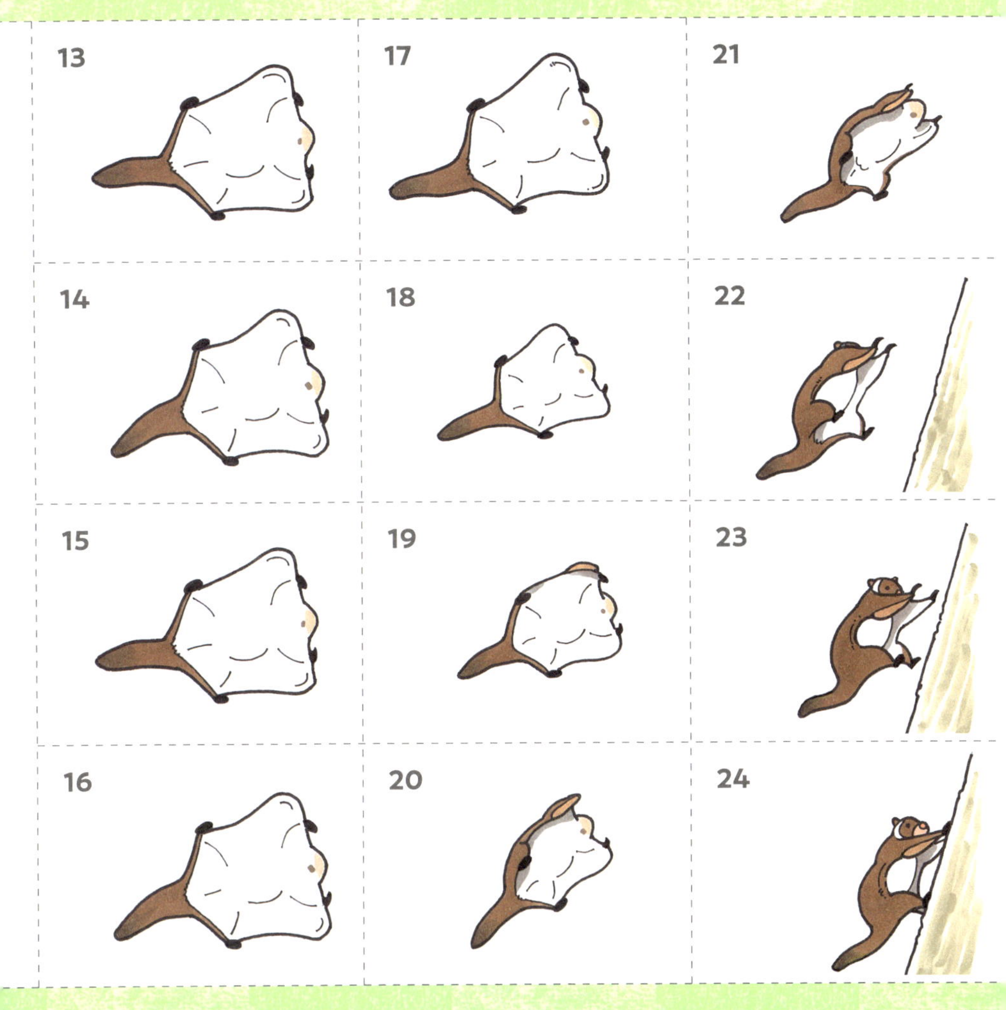

**著者**

**熊谷さとし** Satoshi Kumagai

1954年、宮城県仙台市生まれ。日本野生動物観察指導員・自然保護運動図画工作執筆家。動物の専門学校、大学でメディア学の教鞭を取り、里山の動物観察会、講演会を開催するかたわら、30年間ニホンカワウソを追い続け、韓国、サハリン、カナダでフィールドワーク、現在は対馬で調査観察をしている。主な著書に『ニホンカワウソはつくづく運が悪かった!?』『身近に体験！日本の野生動物シリーズ』（偕成社）、『足跡学入門』（技術評論社）、『哺乳類のフィールドサイン観察ガイド』（文一総合出版）ほか多数。この本が178冊目!!

**写真・イラスト**：熊谷さとし
**写真**：鈴木 友
**協力**：川道武男・安藤元一・中嶋捷恵・天野俊秀
**写真協力**：河合 裕・森 宏之・杉山時雄・鈴木克己・篠崎正博・朝比奈邦路・小野比呂志・石崎津世志・西田直子・原島 香・井上博夫
**取材協力施設**：青梅の森・トヨタの森・秦野市くずはの家・富山市ファミリーパーク・ホールアース自然学校・津久井湖城山公園・山のふるさと村・埼玉県こども動物自然公園・二宮忠八飛行館・飯能にすむいきものネットワーク

**デザイン**：北路社

**参考文献**

・『ムササビ――その生態を追う』菅原光二（共立出版株式会社）
・『ムササビ――空飛ぶザブトン』川道武男（築地書館）
・『ムササビに会いたい！』岡崎弘幸（晶文社出版）

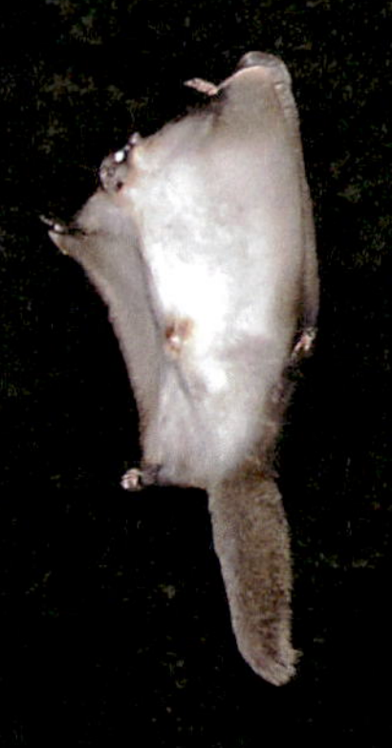

**飛べ！ ムササビ**
**観察のポイントからフィールドサインまで**

2019年7月20日　初版第1刷発行

著　者　熊谷さとし
発行者　斉藤 博
発行所　文一総合出版
株式会社 文一総合出版
〒162-0812　東京都新宿区西五軒町2-5　川上ビル
tel. 03-3235-7341（営業）／03-3235-7342（編集）
fax. 03-3269-1402
https://www.bun-ichi.co.jp/
振替 00120-5-42149
印　刷　奥村印刷株式会社


Printed in Japan　ISBN978-4-8299-7229-8
NDC489　A5判（182×257mm）　112ページ